区块链技术丛书

区块链

技术本质与应用

高承实◎著

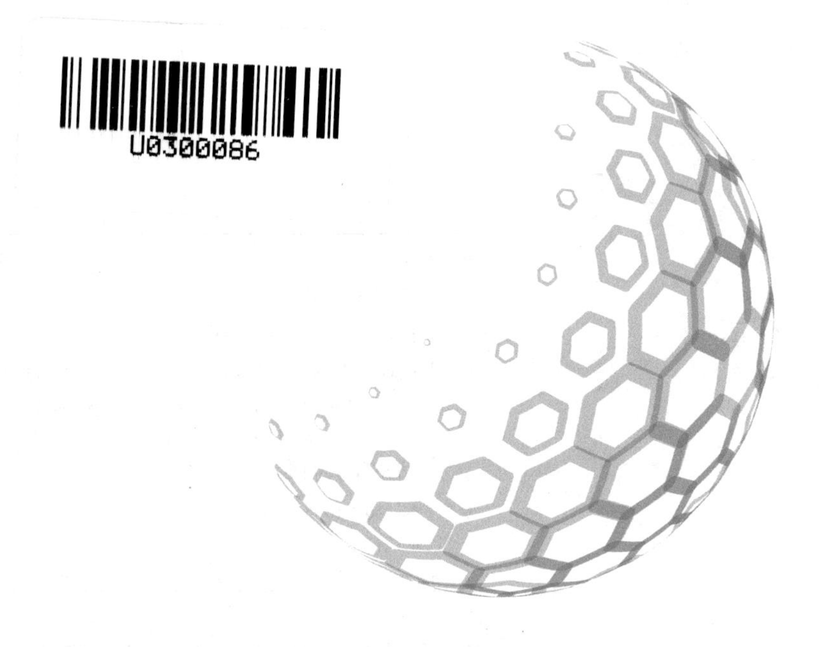

人 民 邮 电 出 版 社

北 京

图书在版编目（CIP）数据

区块链技术本质与应用 / 高承实著. -- 北京 : 人民邮电出版社, 2022.5
（区块链技术丛书）
ISBN 978-7-115-58471-7

Ⅰ. ①区… Ⅱ. ①高… Ⅲ. ①区块链技术 Ⅳ. ①TP311.135.9

中国版本图书馆CIP数据核字(2021)第279329号

◆ 著　　　高承实
责任编辑　秦　健
责任印制　王　郁　焦志炜

◆ 人民邮电出版社出版发行　　北京市丰台区成寿寺路 11 号
邮编　100164　　电子邮件　315@ptpress.com.cn
网址　https://www.ptpress.com.cn
廊坊市印艺阁数字科技有限公司印刷

◆ 开本：800×1000　1/16
印张：13.75　　　　2022 年 5 月第 1 版
字数：224 千字　　　2024 年 9 月河北第 7 次印刷

定价：59.90 元

读者服务热线：(010)81055410　印装质量热线：(010)81055316
反盗版热线：(010)81055315
广告经营许可证：京东市监广登字 20170147 号

| 序言一 |

区块链正处于演变、发展和应用的历史关键时期

近年来，科学技术快速迭代演进，实现了在经济、社会等多领域的纵深发展。从2017年的公有链到2020年的DeFi，再到2021年上半年的NFT以及2021年下半年兴起的元宇宙，无一不是区块链和其他数字技术如信息技术、数字技术和人工智能技术高度组合的结果。区块链作为数字经济基础结构的重要组成部分，显现出旺盛的生命力和广阔的应用前景。

在这样的背景下，高承实博士的新书《区块链技术本质与应用》于2022年年初问世。相较于高博士2019年所撰写的《回归常识——高博士区块链观察》，基于对区块链技术本质的持续研究、观察、理解和认知，这本书吸纳了区块链技术发展的新成果，在深入研究区块链这套技术体系或技术的结构性创新与当前技术的主要区别之后，阐述了区块链的创新趋势，以及区块链将会给人类生产生活带来的积极影响和可能的负面冲击。

高博士在这本书中提出了很多独到的见解。例如，对于区块链的技术本质，高博士认为区块链系统根本性的作用就是在无中心机构、中心机构权威性不足或中心化系统成本过高的情况下，互不信任或信任程度不足的不同业务主体建立和维护信任关系的一套解决方案。又如，高博士认为由多种技术按照特定组合方式实现的区块链链上数据真伪全网各节点可独立验证，是区块链与传统互联网根本的区别所在，也是区块链相对传统互联网的升维所在。同时，高博士对区块链应用可能带来的后果也有着非常清晰的认知——除了区块链应用可能带来的进步价值，他还特别指出区块链在应用领域值得警惕的地方，以及区块链的应用与当前现实环境的不协调之处。高博士以互联网的发展为例，认为区块链带来的未必是一个更加公平和平等的世界，很有可能是一个更加不平等的世界。例如，联盟链的应用就有可能为未来建立托拉斯或康采恩式的垄断组织提供技术基础。而公有链上的非中心化应用和智能合约的自动执行，又引出了虚拟货币的财产性质认定、智能合约的法律效力认定，以及技术规则变化带来的监管对象和行为主体、规则界定的变化，匿名化导致的责任主体不明，合约不可修改和不可撤销引发法律问题而无从追查等一系列与现有法律的冲突，急需通过对技术本质的认知来扩展相关的法理支撑。此外，这本书也阐述了作者对消费互联网、产业互

联网、数字化转型等方面的认知，尤其是对区块链本身是一种“涌现”现象，以及区块链将带来更加丰富“涌现”现象的阐述，都是非常有洞察性的见解。无疑，上述观点因为具有原创性，符合区块链的演进，甚为珍贵。

高博士对区块链的研究是有基础的。三年前，高博士在《回归常识——高博士区块链观察》一书中已经展现出对区块链本质和应用的深刻思考。在那本书中，高博士主要基于数据有效共享带来的产业变革和应用，提出区块链存在两个方面的价值：其一，链上数据不可篡改和难以伪造可以降低甚至消除机构内外部人员对机构及其他人的不信任，由此带来社会组织等层面的自证清白；其二，基于一定范围的共享数据，能够在系统层面降低甚至消除信息不对称，有可能将原来的中心化他组织的业务系统转变为非中心化自组织的业务系统，从总体上提高系统的执行效率。在本书中，高博士提出在更为广泛的数字化系统和更复杂的业务系统中，区块链通过数据在一定范围的一致性冗余存储，可以实现信息系统和业务系统的非中心化运行和集体维护，从而极大地提高系统的和谐和稳定。加之，区块链通过对数字化资产的锁定和智能合约，可以实现无信任关系主体间的自动化、智能化交易，提升微观主体间的交易效率。

当前区块链正处于演变、发展和应用的历史关键时期。一方面，区块链技术有待进一步突变和升级，实现与其他相关技术的融合；另一方面，到目前为止，区块链还缺少重磅应用大规模落地的案例。对于这些现象的解释，高博士归结为人们对区块链的技术本质认知不足，需要继续强化区块链观念与技术的普及教育。2021 年元宇宙的兴起为区块链注入新的能力和动力。这是因为元宇宙本身就是区块链极具潜力的应用场景。基于智能制造的工业元宇宙尤其需要吸纳区块链技术体系。

高博士的教育和研究背景是密码学领域，勤于笔耕。高博士曾多年从事信息安全领域的技术研究和人才培养工作，同时拥有金融领域的工作经历，因此他具有不同于一般专家和意见领袖的多学科视角。2021 年，高博士主编技术领域的入门性科普读物《区块链中的密码技术》。2019 年，他出版专著《回归常识——高博士区块链观察》。2022 年的《区块链技术本质与应用》是高博士在区块链领域的第二本专著。通过这本书，我看到了高博士近年来的成长和进步。高博士将哲学、经济学、社会学等学科视角与技术视角结合在一起，探究了技术如何通过发挥变革性力量，实现其对社会和经济生活的改造，并对未来社会产生影响。

当前，《区块链技术本质与应用》这本书还存在一些值得改进和深化之处，主要集中在区块链应用场景的案例搜集和研究方面。事实上，近几年区块链在经济和社会领域还是不乏重大应用案例的。此外，区块链和互联网 3.0、人工智能 3.0，特别是和量子科学的结合，还存在相当大的未知领域。尤其是，区块链和元宇宙的交叉和复杂关系也充满挑战性。希望高承实博士在区块链、数字化转型、元宇宙的数字化征途中产出更多智慧结晶，并为推进中国以及全球数字化转型进程不断做出新的贡献。

朱嘉明

横琴数链数字金融研究院学术与技术委员会主席

| 序言二 |

互联网技术的发展和应用，无论是从深度还是广度上，都将人类社会发展推到一个新的高度。区块链技术将互联网带入一个新的发展阶段，是传统互联网技术的补充，并促使其丰富、完善和发展。它通过账本关系建立了一种有序的关系式结构。用户通过共识建立起公共的一致性，这是一种新的秩序。区块链技术对人类社会的发展发挥着与互联网技术同样甚至更加重大的作用，可以说区块链技术开始对数字世界的秩序产生影响。

近几年，数字经济在各个领域都保持了较快的发展速度，产业数字化的趋势越来越明显。数字技术的发展以及多种技术的深度融合，对产业数字化的加速发展起到非常大的推动作用，在不同领域直接推进相关产业的数字化转型进程。

区块链技术成为数字技术的重要组成部分，是数字经济高质量发展的重要技术基础，也是维护数字世界新秩序的重要工具。区块链技术可以构建可信协作网络，成为数字经济发展的关键引擎，促进数字经济的模态更新，促使数字技术和实体经济深度融合，催生出新产业、新业态、新模式。

区块链和实体经济融合，推动数字化转型从技术逻辑跃迁到经济逻辑，是产业实现高质量数字化转型的基础。区块链和实体经济的融合至少面临三个层面的挑战。第一个层面的挑战是要实现认知方式的跨越。人类进入数字世界，在实现物理世界内容的数字化之后，就需要用数字世界的逻辑，而不再是物理世界的逻辑来认识和思考经济发展和社会进步的问题。而区块链带来的数字世界的逻辑与传统互联网带来的数字世界的逻辑存在巨大差异。第二个层面的挑战是要实现技术发展方式的跨越。在区块链和实体经济融合的过程中，人们将遇到各种各样的问题，这些问题需要融合更多的技术（如物联网、大数据、人工智能、数字孪生等）来解决，同时这些新技术的出现和融合，还将带来更多的新问题。区块链作为一种新秩序架构，它与其他技术的融合方式不同于传统意义上与其他技术的融合方式。第三个层面的挑战是要实现经济增长模式的跨越。区块链要在实体经济中真正发挥作用，就需要通过实现从实体经济到数字经济的跨越，来实现新的生产方式、新的生产业务流程和新的生产关系，最终提高生产效率。迎接这三个层面的挑战，我们需要积极探索区块链技术在不同场景下的应用方式和应用方法，聚焦不断发展变化的技术需求和关键的科学问题。

高承实博士所著的这本书从区块链的技术本质出发，基于区块链自身的特点以及区块链与其他技术的融合，深刻阐述了区块链技术对数字化转型以及不同细分领域实体经济的作用。

在数字化转型方面，高承实博士指出数字化转型更多表现为业务流程优化和生产关系重构。在这个过程中，区块链通过技术手段，将系统中的所有节点构成一个强一致性网络。在这个网络中，所有节点的地位、作用、占有的数据完全一致，为实现业务系统的去中心化和业务流程的去中介化提供强大的技术基础。同时为系统由他组织变为自组织提供了数据方面的基础，而由此带来的业务关系优化成为数字化转型过程中更深层次的变革。

在区块链与实体经济融合方面，本书不仅从理论上指出区块链应用落地的特殊性，而且探讨了区块链在供应链金融、物流金融、会计行业等领域的落地应用方式和案例。针对这些领域存在的行业难题和业务痛点，这本书给出了区块链的解决方案并预期会带来的效益。这些内容为区块链创业者、从业者和相关企业提供了适当的指引和借鉴。

高承实博士对区块链的本质和应用特性认识比较深刻，这本书对区块链的阐述也比较全面，辨析了区块链行业中模糊的概念和定义，分析了区块链可能带来的改变与机遇，阐述了区块链和数字货币的关系，追踪了区块链行业的发展方向，探讨了区块链产业落地方面的场景，同时对区块链产业化应用进行了深刻思考。

高承实博士在区块链领域沉浸多年，既有技术基础，也有经济、金融、政治、法律等多学科知识，在行业中是一位思考深入、视野宽广的意见领袖。本书内容都是他经过深入思考和长时间的研究而总结出来的，表述质朴平实，没有深奥难懂的句子和语言。这是一本能够让读者静下心来阅读的著作，相信也会成为广大区块链从业者和爱好者常用的参考书。

邓小铁
欧洲科学院外籍院士，北京大学讲席教授

| 序言三 |

当前，云计算、新一代移动通信网络、大数据、物联网、人工智能、工业互联网和区块链等新兴技术正在快速地推进各个行业向信息化变革。在以数字化、网络化、智能化为核心的信息化变革中，区块链作为加解密技术、点对点通信、共识机制和分布式存储等技术的创新性整合，具有数据易于共享、不可篡改和伪造，系统去（或弱）中心化运营和集体维护，交易可追溯等特点，有望成为未来数字经济的底层技术架构之一。区块链在运营中，通过去中心化、去中介化，重构业务流程，提升系统效率的同时，也能够从基础架构上增强传统网络信息系统的安全性。在信息化进程中，网络信息安全以及建立在网络信息系统之上的业务安全是不可或缺的保障，是重中之重。而随着网络信息技术的发展，系统面临的潜在威胁变得日渐复杂和多样，如通过恶意软件或钓鱼网站盗取用户的登录密码和敏感信息，通过攻击中心化服务器规模盗取用户信息和账户资金，通过操纵僵尸网络发动 DDoS（Distributed Denial of Service，分布式拒绝服务）攻击，还有猖獗的勒索软件攻击等。区块链的出现给网络信息系统安全及之上的业务安全提供了一个新的解决思路。比如区块链采用的对等网络技术和区块链具有的分布式架构大大提高了传统攻击的难度和成本；区块链技术采用的共识和验证机制，使得数据难以篡改；区块链系统中的所有行为通过智能合约自动执行，使得执行环境变得更加可信。

区块链可以应用于非常多的产业和行业，在信息安全领域中的直接应用场景包括身份认证、访问控制、数据保护等。值得重视的是，随着区块链应用领域和应用场景的扩展，针对区块链的安全威胁不断出现，如通过智能合约代码漏洞和协议进行的安全性攻击、区块链公有链匿名性与隐私保护带来的新的安全威胁等。基于区块链推动数字经济的发展正面临这样的安全风险和挑战。

高承实博士对区块链系统可能面临的风险和安全问题有着专注的研究和比较深刻的认识。他在这本书中指出，尽管区块链系统使用了大量密码技术，但区块链本身并不是专门为解决安全问题而设计的,区块链的发展还是经历了一系列安全问题的考验。尤其是在以以太坊和超级账本为代表的区块链 2.0 发展阶段以后，区块链系统中增加的智能合约，使其安全问题变得更加突出。此外，当前区块链与实体经济、产业和社会治理结合尚不充分，因此可能存在的安全问题暴露得也并不完全，而且相应的防范措施尚未得到全面应用。这本书还指出，区块链场景应用面临的安全风险主要有两大方面，一是区块链系统自身存在的安全风险，二是区块链具体应用面临的安全风险。本书在如何防范风险、保障安全方面给出相应的建设性建议和解决方案，如应该抓紧制定相关的技术标准，不断完善有关的法律法规，采用零知识证明、安全多方计算、全同态加密、联邦计算等前沿的、有针对性的安全技术等。

针对区块链的特性，保障建立在区块链架构上网络信息系统的安全，同时实现对构建在区块链架构上的业务的有效监管，是区块链系统在数字经济产业健康发展的一个关键问题。本书对此提出了独到见解，即对区块链系统的监管必须回到架构层面，以使区块链系统能够与更多业务场景结合，充分发挥区块链的积极作用。

本书还从信息经济学的角度，对区块链的本质与应用进行研究，深入探讨区块链的系统架构，区块链技术区别于其他互联网应用技术的要点，区块链技术与大数据、云计算等技术的区别，区块链在数字经济发展中的地位与作用，数字经济时代区块链的应用场景，如何进一步促进区块链应用落地等。这些内容对读者都是有所裨益的。

总之，本书覆盖了区块链技术和应用的主要内容，有独到见解。虽然本书不是关于区块链安全的专著，但安全意识和区块链的安全问题通贯全篇。书中的论述既有理论深度，又贴近当前现实需要，是一本适用于高校师生、领导干部、区块链企业从业者和区块链爱好者的好书。

严明

CCF计算机安全专业委员会荣誉主任

公安部一所、三所原所长，研究员

前言

区块链到底有什么用?

很多币圈人士认为区块链就是用来发币的。虽然我们不完全同意这个观点，但这个观点确有事实上的支撑。近些年，区块链最活跃的领域确实是在币圈，出现了各种技术上的进步、应用模式上的创新和去中心化的金融应用。

但这个回答又带来了另一个问题，难道传统技术不能发币吗?如果传统技术不能发币，那么当前各个国家的央行发行的数字货币又是怎么来的呢?或者换一种说法，基于区块链技术发行的“货币”与基于传统技术发行的“货币”，它们在技术上的本质性差异是什么?就目前披露的信息，至少中国人民银行发行的数字人民币仅在有限的范围和环节用到区块链技术。如果传统技术也可以发行数字货币，为什么大家不用传统技术发行数字货币，或者在区块链技术兴起以前，为什么没有人利用传统技术发行数字货币呢?

当然，比特币的兴起给了大家一个示例。以太坊引入的智能合约以及ERC-20等一系列标准的推出，为个人发行数字货币带来了巨大的便利，智能合约和ERC-20标准开始成为新的区块链的基础设施。但问题是，一项技术或一个技术体系被固化或神话以后，就很少有人再愿意或有能力花时间、精力去研究技术体系内部和技术背后的问题，更多的人仅基于媒体或意见领袖宣讲的概念、定义以及总结的特点来思考问题。而区块链的应用和未来的发展，牵涉的内容真的不仅仅是这些概念、定义或特点能够涵盖的，更主要的还是涉及技术和技术组合带来的一系列变化。对于目前媒体或意见领袖所总结的区块链的概念、定义以及特点，我们也需要进一步辨析和探究。

那么，区块链到底应该怎么用?

这并不是一个显而易见的问题。就如电从一种自然现象，到通过人类的发明能够被创造，从人类对电开始有技术本质上的认知，到电成为人类文明一般意义上的驱动力量，每一步跨越都需要人们做出巨大的认知努力和发挥想象力。

我们始终认为，区块链可以应用在所有产业、所有行业，但它的发挥点在于具体的应用场景和应用环节，而不应脱离具体的应用场景和应用环节空泛讨论和使用。

从技术特性上说，区块链与人工智能在某种程度上比较类似，人工智能的使用也需要结合具体的应用场景和应用环节。适用于“阿尔法狗”（AlphaGo）的人工智能与适用于语音导航的人工智能，肯定存在巨大差异。用于 DeFi[①] 领域的区块链与应用于司法存证领域的区块链在使用方式上也会存在极大的差异，这与根植于其中的应用场景的内在特点密切相关。

目前落地的区块链应用，更多的是建立在已有系统上或业务体系外部，通过对链上数据的多方签名、各节点独立验证，实现系统的自运营、自维护和数据的不可篡改，从而达到溯源或存证的目的。我们认为这一类应用仅仅用到区块链系统的基础功能和个别特点。尽管在广义上这也可以认为是区块链在应用场景和应用环节下的一类应用，但真正发挥区块链系统在优化业务流程、变革生产关系方面的作用，我们不仅需要深入技术内部，更需要深入具体行业、具体场景中。

① DeFi（Decentralized Finance，去中心化金融）是 2020 年在区块链币圈出现的一种新的金融模式。

资源与支持

本书由异步社区出品，社区（https://www.epubit.com/）为您提供相关资源和后续服务。

提交勘误

作者和编辑尽最大努力来确保书中内容的准确性，但难免会存在疏漏。欢迎您将发现的问题反馈给我们，帮助我们提升图书的质量。

当您发现错误时，请登录异步社区，按书名搜索，进入本书页面，单击“提交勘误”，输入勘误信息，单击“提交”按钮即可，如右图所示。本书的作者和编辑会对您提交的勘误进行审核，确认并接受后，您将获赠异步社区的100积分。积分可用于在异步社区兑换优惠券、样书或奖品。

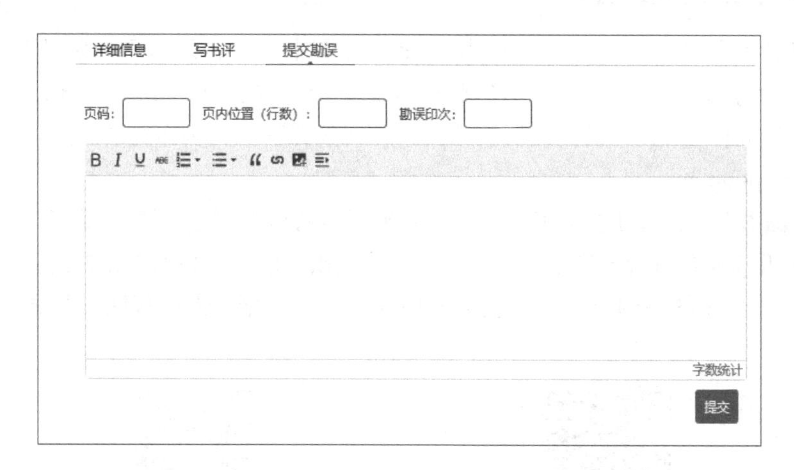

扫码关注本书

扫描下方二维码，您将会在异步社区微信服务号中看到本书信息及相关的服务提示。

与我们联系

我们的联系邮箱是 contact@epubit.com.cn。

如果您对本书有任何疑问或建议，请您发邮件给我们，并请在邮件标题中注明本书书名，以便我们更高效地做出反馈。

如果您有兴趣出版图书、录制教学视频，或者参与图书翻译、技术审校等工作，可以发邮件给我们；有意出版图书的作者也可以到异步社区投稿（直接访问 www.epubit.com/contribute 即可）。

如果您所在的学校、培训机构或企业想批量购买本书或异步社区出版的其他图书，也可以发邮件给我们。

如果您在网上发现有针对异步社区出品图书的各种形式的盗版行为，包括对图书全部或部分内容的非授权传播，请您将怀疑有侵权行为的链接通过邮件发送给我们。您的这一举动是对作者权益的保护，也是我们持续为您提供有价值的内容的动力之源。

关于异步社区和异步图书

"异步社区" 是人民邮电出版社旗下 IT 专业图书社区，致力于出版精品 IT 图书和相关学习产品，为作译者提供优质出版服务。异步社区创办于 2015 年 8 月，提供大量精品 IT 图书和电子书，以及高品质技术文章和视频课程。更多详情请访问异步社区官网 https://www.epubit.com。

"异步图书" 是由异步社区编辑团队策划出版的精品 IT 专业图书的品牌，依托于人民邮电出版社几十年的计算机图书出版积累和专业编辑团队，相关图书在封面上印有异步图书的 LOGO。异步图书的出版领域包括软件开发、大数据、人工智能、测试、前端、网络技术等。

异步社区

微信服务号

目录

第3章

区块链带来革命性改变

第4章

区块链从理想到现实

第5章 区块链与数字货币

第6章 区块链行业发展前沿观察

第7章 区块链产业落地应用探讨

第1章

区块链技术本质再认知

区块链从概念的出现至今也就十余年时间，其发展还处于早期阶段，到底什么是区块链、区块链具有哪些本质的特点、组成区块链的技术手段有哪些、区块链应该发挥什么样的作用，对于此类问题，学术界和业界都远未达成统一的认识。

一方面，区块链在技术上处于快速发展阶段，无论是区块链的架构还是内在技术环节的优化，抑或是区块链技术与其他技术的融合，都在广泛探索中；另一方面，区块链如何与现实应用相结合，从而带来相应的效益，也一直困扰着人们。目前，除了数据上链，我们还没有见到特别有想象力、在业务流程优化和生产关系变革方面发挥显著作用的优秀区块链应用案例。

目前，国内的区块链技术研究已经全面开花，大部分学会、行业协会都建立了区块链分委员会或专业委员会，绝大部分省市也成立了相关机构。很多大学还设置了区块链相关专业，开设相关课程。国内专门从事区块链研发的公司很多[①]，对区块链的研究几乎涵盖了与区块链相关联的各个领域。

总体来看,我国在区块链的项目落地应用方面,无论是数量还是质量都要远超美国,在区块链的技术应用方面也与世界先进国家处在同一个水平线上。虽然在底层的基础理论层面，我国与美国等发达国家还存在一定程度的差距，但随着人力、时间、财力投入的增加，这方面的差距也在不断缩小。

作为继云计算、大数据、人工智能、5G、物联网等技术之后又一项革命性的技术创新，区块链技术极大地改变了人类信息传递的方式、财富流通的方式和信息交换的方式。当前区块链技术正在被快速运用到社会治理、智能制造、数字资产交易等众多领域，金融、电子商务、公共服务、公益慈善等系统都将被区块链重新构架。区块链将给人类社会的组织治理、生产生活带来更多的可能性，给更多领域带来翻天覆地的变革。

---

① 赛迪区块链研究院、零壹智库等不同机构在不同时期都有不同的统计数字。根据 01 区块链、零壹智库，综合企查查网站数据，截至 2020 年 12 月，全国共有 64 062 家企业在企业名称 / 曾用名、经营范围或产品资料等工商登记信息中含有“区块链”字样，较 2019 年年末总数（41 903 家）上涨 52.88%。2020 年前 11 个月，全国新增区块链相关企业 22 159 家，较 2019 年全年新增相关企业数（12 623 家）出现明显增长，涨幅高达 75.54%，单年新增区块链相关企业数量首次突破两万家。

1.1 区块链是技术组合方式的创新

区块链不是技术创新，而是技术组合方式的创新。它将几种已有的技术（非对称密码、哈希函数、对等网络、密码协议等）按照特定的结构组合在一起，进而发展出原来这几种技术都不具备的一些功能，包括链上数据公开透明、难以篡改和不可伪造、系统去中心化运营和集体维护、交易可追溯、系统去第三方信任等。

区块链作为一种技术组合方式创新，可以应用于现实生活的几乎所有行业和领域，实现可信组织，优化业务流程，提升协同效率，进而改变生产关系和社会治理结构。但区块链也仅仅是一种技术手段，技术手段的使用并不必然会带来业务流程的改变、生产关系的变革和社会治理结构的改善，技术手段只能从技术层面为业务层面的改变提供工具和手段。

1.1.1 区块链系统的作用

现代信息网络都是建立在TCP/IP（Transmission Control Protocol/Internet Protocol，传输控制协议/互联网协议）之上的。TCP/IP在其创建之初默认所有节点都是一样的，并不存在中心节点或中心化机构。但在现代信息网络的专业化服务机构出现以前，业务方面强大的需求和相关技术的发展要求业务系统和信息网络系统建设统一，进而导致出现越来越强大的中心节点和中心化机构。网络架构从一开始的点到点模式，发展到客户/服务器模式，再发展到在服务器端数据和应用分离，变为瘦客户机/胖服务器模式和三层客户/服务器模式。在这之后虽然出现过网格计算[①]等极其理想化的计算机网络架构，但实现方面的难度导致网格计算昙花一现。接下来是越来越强大的中心

① 网格（Grid）计算是分布式计算的一种，它利用互联网把分散在不同地理位置的计算机组织成一个“虚拟的超级计算机”，每一台参与计算的计算机就是一个“节点”，成千上万个“节点”组成“一张网格”。

化的云计算，以及强调访问速度、涉及数据存储和访问距离的边缘计算。

区块链也是建立在TCP/IP等底层协议之上的，但它在网络层以上却是对当前已有信息网络系统结构的颠覆。**区块链系统根本性的作用就是在无中心机构、中心机构权威性不足或中心化系统成本过高的情况下，互不信任或信任程度不足的不同业务主体建立和维护信任关系的一套解决方案。**

因此，在有中心机构、中心机构有很高权威性且成本适宜的情况下，区块链是没有用武之地的。在没有中心机构、中心机构权威性不足或中心化系统成本过高的情况下，业务主体互相信任或信任程度比较高，这种情况下也是不需要区块链的。

1.1.2 区块链带来的四个层面的价值

区块链系统以其去中心化运行、系统集体维护等物理措施的支撑，综合运用密码学、对等网络、共识机制等技术手段和社会治理手段实现了链上数据公开透明、数据难以篡改和不可伪造，进而衍生出去第三方信任、交易可追溯等特性。由此区块链带来四个层面的价值。

第一个层面的价值是链上数据公开透明，难以篡改，不可伪造。区块链这一特性不仅会降低整个系统的信息不对称性，而且会极大地提升系统整体的信任水平，增加治理透明度，营造可信环境，进而推动治理水平的提高。区块链这个层面的价值既可以由许可链在许可范围内实现，也可以由非许可链在整个社会范围内实现。

第二个层面的价值在于通过数据在全网范围内所有节点间的一致性冗余分布存储，降低甚至消除信息不对称，由此可以在数据对等基础上实现业务流程的优化和重构，实现业务系统的去中心化和业务流程的去中介化，在总体上提高生产生活效率。由于优化后的业务系统去掉了不必要的中心环节和中介环节，进而可以对原来中心环节和中介环节占有的利润进行重新分配。区块链第二个层面的价值主要由许可链在被许可的范围内实现。

第三个层面的价值是可实现在去信任环境下的自动化智能化交易。区块链系统通过资产锁定和智能合约，实现无信任关系主体间的自动化智能化交易，极大地提高了微观主体间的交易效率。

第四个层面的价值在于提升系统的鲁棒性。鲁棒是Robust的音译，即健壮和强壮，是在异常和危险情况下系统生存的能力。在更广泛的数字化信息系统和更复杂的业务系统中，区块链系统通过数据在一定范围内的一致性冗余存储，实现信息系统和业务系统的去中心运行和集体维护，可以极大地提高系统的可靠程度。

1.1.3 区块链技术本质的延伸

区块链是信息化、数字化发展到一定阶段之后出现的一种反逻辑、反常识的技术架构。

传统互联网，配合传感器、大数据、云计算，可以实现更广泛的连接。这种连接包括人与人、人与物、人与组织、物与物、组织与组织、组织与物的连接，再辅以各种类别的人工智能技术，传统互联网架构可以衍生出更多智能化的应用，拓展出更多新的业务形态。但互联网天然地存在系统中心化带来的系统不可靠问题，这种中心化系统也存在着其他参与方对中心化机构不信任的情况。

区块链通过相关责任人对链上数据进行数字签名，链上数据连同签名在全网范围进行一致性传输和最大程度的冗余存储，其他节点对链上数据和签名进行独立验证，以极高的系统资源损耗和极低的效率，确保链上数据的真实、可靠、可信和难以篡改，以此换来系统的可靠和数据的可信。

如图1-1所示，如果我们把信息系统类比为建筑，那么传统互联网配合传感器、大数据、云计算，可以砌一堵土墙、盖几间平房，甚至可以建成三五层的楼房，但难以建成几十层甚至上百层的高楼大厦。高楼大厦有其内在的特有结构。与此类似，区块链以其极高的系统资源消耗和极低的效率，确保数据连接和物理连接的可靠，可以成为几十层甚至上百层高楼大厦内部的框架式结构。

此外，复杂信息系统应该用到不止一套区块链系统，就类似在复杂的建筑结构当中，除了地基，还会有各种钢架结构和混凝土结构。复杂的信息系统也会有不同种类、不同类型的区块链系统，有的可能是公有链，有的可能是联盟链和私有链，甚至还有可能形成不同区块链系统的嵌套和链接。在这些区块链系统之外，还会有各种中心化、半中心化、无中心化的信息系统，进而构成一个立体、结构化、稳定、功能完善的信息系统。

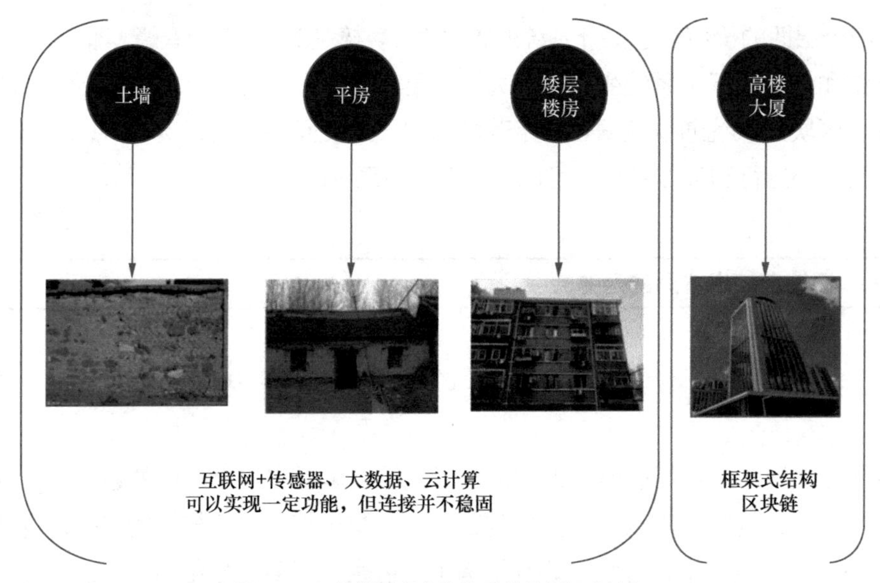

图 1-1　区块链是复杂信息系统的框架式结构

1.1.4　区块链系统在应用方面的不足

从效率上说，区块链是一种非常低效的系统。原本存储在一个或几个中心节点的数据，在区块链系统上则要在全网所有节点中都有完整的备份，同时，为保证数据的一致性，还需要所有节点对数据进行一致性验证，这些要求都需要消耗大量的带宽、存储和计算资源。

受限于数据全网一致性分发的要求，区块链系统的链上数据注定是一种特定类型的小数据。比如比特币系统的链上数据是交易记录数据，而以太坊等系统即使增加了智能合约，其链上数据也仅仅扩展到数量相对有限的代码。

因此，链上数据的存储容量、可以承载的数据类型以及处理效率方面的劣势成为区块链系统在应用上的短板。

1.1.5　区块链与其他技术的关系

互联网发展至今，除了基本的连接，同时发展出大数据、云计算、边缘计算等一系列相当丰富的业务和技术形态。

区块链数据与大数据。区块链数据与大数据是两种截然相反的数据的存在形态。大数据表现为海量、多类型、低价值密度、快速流转，区块链数据则表现为核心数据、单一类型、高价值、永久保存。大数据表征被数字化的生活在时间流中的快速变化和纷繁复杂，而区块链数据代表被数字化的时代在时间流中的不变和沉淀因素。从资源利用效率来说，区块链的链上数据一定是小数据、关键数据和高价值数据，而不可能是大数据、非必要数据和低价值数据。大数据本身并不追求数据的绝对可靠，但可以通过海量数据的广泛连接，部分实现对错误数据的自我校正。

云计算、边缘计算与区块链。从系统外部看，云计算、边缘计算是中心化结构，以统一接口对外提供各种服务，但其内部是分布式系统，只不过这种分布式是分布式协同。从系统外部看，区块链是一个完整系统，但其内部也是分布式结构，但这种分布式体现为分布性一致，即内部所有部件和组件在功能、定位、职能上是相同的。分布式协同是指由分布在各处的各种部件和组件协同完成一个统一的对外任务；而分布性一致则是指分布在各处的各种部件和组件在同一个任务中都保持一致的内容和状态，这些内容和状态更多是对内的，而非对外的。

互联网、区块链、大数据，连同物联网、云计算、边缘计算、人工智能、5G，从根本目的上说是一体的，都是对这个纷繁复杂的世界的数字化表达。缺少任何一个元素，这种表达就不是完整和有效的。在由各种数据构筑的数字化高楼大厦中，各种技术元素各司其职，共同为数字孪生和数字化转型在数据底层提供基础和支撑。

1.1.6 区块链系统的安全问题

尽管区块链系统用到大量密码技术，但区块链本身并不是专门为解决安全问题而设计的，它的发展也经历了一系列安全问题的考验。尤其是以以太坊和超级账本为代表的区块链进入 2.0 发展阶段以后，区块链系统中增加的智能合约，使得其安全问题变得更加突出。

从大的方面说，安全可以分为物理安全、网络安全、系统安全和应用安全。区块链是建立在现有互联网基础协议和主流操作系统之上的一种应用，因此，从理论上说，互联网面临的物理安全、网络安全、系统安全和应用安全问题，区块链系统同样存在。

区块链作为一种去中心化和集体维护的系统，全网所有节点在架构和数据内容上具有近乎完全的一致性。因此，区块链比一般的互联网系统具有更高级别的物理安全。但从网络安全和系统安全的角度来看，区块链节点的全网一致性则有可能导致其系统变得更加脆弱。

区块链是从比特币系统发展而来的，比特币自带的金融属性和系统公有无许可特性使得区块链系统可能存在的安全问题得以充分暴露，同时其防范措施也得以充分施展和运用。但是，区块链与实体经济、产业和社会治理结合尚不充分，因此其可能存在的安全问题尚未暴露得十分充分，相应的防范措施也尚未得到全面应用。

此外，区块链系统要对所有数据在全网范围内所有节点进行一致性分发和最大程度冗余存储，因此，一旦这些数据存在内容安全问题，从监管监控的角度，就难以像原来中心化系统那样采取相应措施进行干预。这也是区块链带来一系列优势的同时，在内容安全方面存在的问题。

1.2 区块链与大数据

单一的区块链系统是一种低效系统，这种低效系统的存在是为了在更多的无中心节点作信任担保的情况下，让互不信任的节点建立和维护更加充分的信任关系，在更大范围和更高层次上获得更高的系统效率。同时，原始的区块链系统是一种封闭自足的系统，与外界不发生或很少发生数据的交互。目前区块链链上记录的数据以及区块链系统处理的数据都是已经被完全数字化的内容，区块链尚未与更大范围的现实生产生活建立起更加紧密的联系。为了满足更多业务场景的需要以及在更大范围、更高层次上获得更高的系统效率，区块链系统必须与现实生产生活建立起更加紧密的联系。因此，打破原始的区块链技术和业务边界，让区块链系统与其他技术融合、与产业行业对接成为必然。

前面涉及的几种前沿技术中，物联网在获取海量数据、构建万物互联的过程中扮演着重要的角色。这些海量数据，无疑是大数据的重要内容来源。人工智能作用的发挥，更大程度上依靠数据的训练。没有足够的数据作为基础，人工智能也难以发挥更大的作用。

大数据从其概念诞生开始，就是以通过数据的充分分享实现数据互联互通、发挥数据综合效用为宗旨的[①]。但各种大数据系统的建设却背离了这一目标，以致目前数据孤岛林立，数据成为继石油之后的又一世界级的垄断资源。

数据不能互联互通，不仅影响数据进一步发挥作用，而且由于各个部门和机构垄断数据，还存在利用数据优势进一步获取垄断性竞争地位的可能，甚至发生大的部门和机构利用数据优势侵犯用户隐私和用户利益的事情。

数据作为生产要素，在经济社会的发展中起着重要的作用，打破数据垄断势在必行，区块链的出现，为此提供了技术上的可能。

1.2.1 区块链有助于通过数据确权打破数据孤岛

作为一种相对特殊的数据传输和数据存储架构，区块链这种独特的系统及其发展，有可能从根本上改写大数据发展格局，校正大数据的发展方向，同时丰富物联网的架构形态。

区块链系统存在的一个意义在于通过对数据进行全网一致性分发和冗余存储，降低所有节点在数据占有方面的不对等，进而使得所有节点在平等占有数据的基础上拥有业务自组织权利。

区块链系统建立的前提一定是数据的对等分享，而不可能是数据的单方面分享。因此，在区块链系统和业务体系内，数据必然来自所有节点，才有可能实现数据对等占有、效率对等提升、利益对等享有。

因此，区块链系统建设必须对数据的所有权进行确权。大数据系统基本不考虑数据从哪里来、到哪里去、数据的所有权属于谁、数据产生的收益又应该由谁分享。因为区块链系统要求链上数据对所有人开放，所以必须保证链上数据真实可信。区块链系统需要所有参与方负责各自数据的写入以及对其他人写入数据的真实性进行验证。在这些真实数据的基础上，才能够实现业务流程的优化和重构，进一步实现效率的提升和利益的重新分配。

---

① 可参看维克托·迈尔－舍恩伯格和肯尼思·库克耶所著的《大数据时代》以及涂子沛所著的《数据之巅：大数据革命，历史、现实与未来》。

1.2.2 区块链有望提高数据质量

大数据是一种低价值数据。通过大量数据的聚合，寻找到数据之间的相关关系，发挥数据的作用，是大数据系统建设和开发的核心诉求。大数据系统中，大部分数据的质量并不高。这种质量既包括数据本身的真实性，也包括数据自身蕴含的内在价值、数据价值与其自身占用空间的比例等不同层面的内容。

区块链数据是一种高价值数据，是稀缺数据。低价值数据或无价值数据没有在全网范围内进行一致性分发和冗余存储的必要，只有高价值数据和稀缺数据才有这种需要，而通过这种一致性分发和冗余存储，可确保数据难以被篡改、不可伪造且来源可追溯。因此，我们可以通过区块链系统对大数据系统中的数据去伪存真，保留必要的数据上链，而不是一股脑将所有数据上链。将所有数据上链没有必要，而且现有区块链系统也无法承载。

因此，区块链系统要实现落地应用，必须对大数据系统中的数据进行筛选，提高数据的可用性和数据质量。

1.2.3 区块链与大数据的融合和创新

数据从古至今都是稀缺资源。让数据发挥更大作用，是建设美好社会的前提和基础。区块链更大的意义是一种架构和新的业务逻辑结构。相对于中心化架构，区块链更加强调节点在数据共享基础上的自治。大数据与区块链既有必须结合以提高效率和性能的需要，同时也存在由于技术架构的局限而不能或不易结合之处。

对于“大数据”，麦肯锡全球研究所给出的定义是，一种规模大到在获取、存储、管理、分析方面大大超出传统数据库软件工具能力范围的数据集合，具有海量的数据规模、快速的数据流转、多样的数据类型和价值密度低特征。

而目前区块链系统存储的数据，从体量上看是小数据，从流转上看是静态数据，从类型上看是单一类型数据，从价值密度上看是高价值数据。麦肯锡全球研究所定义的大数据是无法通过区块链系统在全网范围内进行分发和存储的。因此，我们必须对区块链系统的数据组织方式和数据存储方式重新进行结构调整，否则，区块链系统与大数据将无法融合。

1. 哪些数据将成为区块链系统的关键数据

由于区块链链上数据量的局限，从成本－收益角度看，区块链的链上数据一定是关键数据，而不应该是无关紧要的数据。数据是否关键，取决于数据所在的具体业务场景。对不同的业务场景来说，相同的数据可以具有完全不同的重要性。但概括来说，以下三类数据对区块链系统来说肯定是关键数据。

第一，具体业务中涉及多方的核心业务数据。每一项具体的业务都会有一些与多方有关的重要业务数据，这些数据在相关方之间有信任地共享，要杜绝被篡改甚至被物理性破坏。比如每家企业的现金往来数据，不仅对企业自身的经营至关重要，而且对与企业相关联的银行、工商、税务以及业务合作伙伴也至关重要。只对一个人有重要价值的数据，尽管也是核心业务数据，但未必是整个系统的核心业务数据。

第二，业务主体在具体业务中对客体的重要行为数据。几乎所有业务或业务的不同环节都存在业务主体和业务客体。业务主体是业务体系中的能动要素，有行为能力并且能够影响业务客体和业务中的其他业务主体甚至整个业务。通过业务主体对业务客体的行为数据，我们能够观测到客体的改变，以及后续其他业务主体的反应和整个业务体系的发展。但并不是所有业务主体对业务客体的行为数据都重要，一定是这个行为能够引发业务客体的改变并对其他业务主体带来影响，或者对整个业务体系带来影响的行为数据才重要。因此，这一类数据可看作关键数据，是独立于原有业务数据体系之外的更重要的能动数据。

第三，关于数据特征的数据。随着数据来源越来越多，数据量越来越大，数据的影响越来越重要，与数据相关的数据来源、数据采集时间等属性数据、数据的初始状态数据、数据被变更的记录数据也变得越来越重要。这些数据的特征数据成为关键数据，甚至是比原始数据更为重要的数据。这些数据将是未来建立在数据基础上的复杂信息系统的底座和框架。

随着技术的发展，区块链系统建设、维护和运营的成本会越来越低，越来越多的数据将突破区块链系统现有性能瓶颈而成为关键数据。无论区块链系统建设、运营和维护成本低到什么程度，这些成本永远不会低到零，因此，上述三类数据将始终是区块链系统的关键数据。同时，随着区块链系统渗透的业务越来越多，针对不同的业务需求，也会有更多维度的数据成为区块链系统的关键数据。

2. 区块链与大数据的融合

区块链与大数据的融合，可以针对不同的业务场景，实现不同层级的数据共享。如果数据是小体量数据，远远构不成大数据，在这种情况下，可以直接将这些小体量数据上链，实现全部数据共享。对于体量略大一些的数据，则需要将抽取的数据处理结果上链而将原始数据存储在链下,同时通过区块链系统中用到的时间戳和哈希函数，保证原始数据不被篡改、伪造。如果是极大体量数据即真正的大数据，则可以将数据存储时保留的时间戳和数据的哈希值上链，通过不同层次的云计算和边缘计算，实现不同层级的数据本地化或云化处理，从而发挥数据的作用。

同时，必须将快速流转的数据静态化处理，或者直接静态化，或者将数据处理结果静态化；也必须将多类型数据进行类型单一化处理，以便区块链系统可以分发和存储。此外，还必须从大量的低价值密度数据中抽取出数据的内在价值，因为低价值密度数据没有必要用区块链系统处理。

区块链与大数据的融合，在具体落地应用中可能会遇到各种各样的情况和问题。但随着各种设施设备在存储容量、运算速度和传输效率方面进一步提升，以及各种技术的发展，尤其是紧密结合各种应用场景所能开展的优化，区块链与大数据相互融合并共同服务于人类生产生活效率提高、共同创造人类社会美好未来的前景，是值得期待和努力付出的。

1.3 区块链与人工智能

1.3.1 人工智能的分类和发展中存在的不足

人工智能系统发展至今，大体可分为无监督式学习和监督式学习两大类型。其中无监督式学习是指人工智能系统与外界无数据交互，纯粹依靠逻辑和规则进行自身训练。战胜了 AlphaGo 和 AlphaGo Master 的 AlphaGo Zero 就是无监督式学习的例子。AlphaGo 曾战胜了韩国围棋选手李世石，AlphaGo Master 战胜了中国围棋选手柯洁。AlphaGo 和 AlphaGo Master 都是在人类大量围棋棋谱的训练下，获得了相应的围棋对弈能力。但 AlphaGo Zero 没有经过任何人类围棋棋谱训练，完全依靠类似左右手互搏的自学习，获得了超强的围棋对弈能力。无监督式学习有其自身应用的局限性，仅适用于那些规则清晰、信息完备的场景。这样的场景在生产性业务流程中可能还比较多，但在人类的生活中确实比较有限。

人工智能的另一大类型是监督式学习。它需要大量数据对人工智能系统进行训练。监督式学习一般建立在大数据的基础上，适用于规则不清晰、信息不完备的情况。通过大量数据的训练，发现数据背后的规则和关联。监督式学习有广阔的应用空间和应用场景，但监督式学习系统的建立和完善，与大数据系统的建立和使用息息相关。

人工智能是提高生产力的工具。人工智能系统通过在大量无规则、不相关的数据中发现数据之间的相关性，寻找到更多的规律和关联，可以极大提高单点效率和系统效率。同时，人工智能与业务逻辑结合，可以在业务逻辑的约束和支撑下，实现更加纵深、更大容量、更加快速的计算，在此基础上拓展出更加广阔的可选择空间，提供更接近最终目标的路径选择方案。

目前大部分人工智能系统基于大数据建立在中心化服务器或中心化的计算环境上。基于小数据、确定性数据，进一步挖掘其中可能存在的智能空间，在分布式环境下实现分布式的人工智能，都是人工智能未来的发展方向之一。

1.3.2　区块链与人工智能的融合和创新

区块链是优化业务流程和改变生产关系的工具。但区块链要优化业务流程和改变生产关系，必须克服自身架构上的一系列不足，对其目前的架构进行大幅度重构和扩展。目前的一系列技术手段都能够在某个领域、某个层面提高人类生产生活效率，但只有区块链才能把大数据、物联网、人工智能、云计算、边缘计算等技术进行统一整合。

无论是监督式学习还是无监督式学习，都能极大地提高生产生活效率。如果能够在区块链系统上构建起人工智能应用，在整体上和单点上都可以提高生产生活效率。

但在现有区块链系统上建立人工智能应用存在一系列问题。区块链系统的存储和带宽以及数据全网一致性限制了区块链系统链上数据空间直接扩展的可能；链上存储数据的类型单一性还不足以支撑人工智能监督式学习对数据的需要；区块链的分布式计算是单点计算，节点之间远未建立起协同关系，其单点的计算能力也不足以满足大规模人工智能应用对计算能力的需要。

因此，区块链与人工智能融合的契合点，一是从区块链角度，扩充区块链系统所能容纳的数据容量，扩展数据维度；二是从人工智能角度，构建分布式智能，建立分布式协同，这也是未来区块链发展的一个方向。

扩充区块链的数据容量和数据维度，需要改变区块链系统数据的存储方式，可以采用以下解决办法。一是实现链上数据和链下数据的分布式存储，将大部分数据存储在链下，以云计算、边缘计算等区块链存储方式实现传统关系型数据库和目前大数据系统中数据的链下分布式存储，同时将这些数据的哈希值或其他特征值存储在链上，从技术手段上保证数据的难以篡改、不可伪造。二是对大量的链下数据由原来的单中心存储变为多中心的分布式冗余存储，这样既可以节省空间和带宽，也可以实现数据在链上链下难以篡改、不可伪造。当然，出于系统可靠性和鲁棒性考虑，链下数据的多中心冗余存储在存储节点空间分布、节点数量部署、数据可访问性等方面，需要基于业务逻辑，做更多考虑和设计。

从人工智能角度，要逐步实现分布式智能。要实现分布式智能，就需要实现人工智能应用系统中计算节点与数据存储节点的分离。一是改变目前人工智能系统，尤其是大型和巨型人工智能系统建立在大数据或云数据基础上的数据存储结构，让每个计算节点能够基于遍布全网的数据存储节点建立自己的智能系统；二是多个节点协同完成同一个人工智能任务。这两者都将极大地丰富目前人工智能的处理模式。

数据在存储方式上的变革和存储位置上的分离，意味着区块链系统要处理的数据已经不再仅仅是单一的链上交易数据，而是包含不同内容、不同维度的全数据，只是这些数据在链上链下基于数据自身属性和业务逻辑属性进行了分布式存储。这种分布也已经不仅是过去数据在不同节点之间的分布式存储，还包括数据在链上链下的分布式存储。

区块链与人工智能的融合，既需要对区块链的架构进行调整和扩展，也需要对人工智能系统的数据存储、数据传输、数据处理方式进行调整，同时这也实现了人工智能系统由单一智能系统向分布式智能系统的扩展。

区块链系统与人工智能系统的融合，不仅会继续在整体上提高系统效率，而且将改变区块链单点效率低下的问题，由单点效率提高向协同式多点效率提高方向改进。

1.4 区块链与物联网、云计算

物联网、云计算自身的发展也面临诸多问题。比如物联网面临大量数据存储和传输、终端设备的安全和用户隐私保护等问题；云计算系统存在运行负担重和成本高、效率低、用户数据易受攻击等问题。

区块链通过建立可靠、可信、安全的去中心化系统，有望消除这些问题。

物联网通过大量传感器设备采集各种类型的数据，再通过物理设备的广泛连接实现万物互联。在物联网环境下，大量数据的存储、传输、充分应用都面临很大的困难。区块链系统的数据难以篡改和不可伪造、数据可追踪和可溯源等特性，能够保证物联网数据的安全可靠和数据历史的真实。当然，这也会在原有物联网的基础上消耗更多的计算、存储和带宽资源。

原始的区块链系统仅仅起到账本的作用，用于记录交易数据。这种数据更多的是人为记录，由相关人员记录到区块上，再由相关的节点确认。数据来源单一，处理速度慢。将物联网引入区块链系统中，通过物联网的传感器自动采集更多类型和数量的数据。如果能够从技术上保证这些采集到的数据真实、可靠和安全，那么可以极大地提高区块链系统数据记录和认证环节的处理速度。如果能够满足这种条件，区块链系统就可以完美地应用到溯源行业。

未来大量的数据是通过传感器获取的。区块链系统为物联网提供点到点的直联方式来传输数据，这样一来就可以通过在系统中并存多个不同的区块链系统来传输和存储海量数据。同时，还可以通过为物联网系统中的每个设备终端分配密钥，实现不同设备的授权访问，以抵御网络攻击。另外，叠加智能合约可将每个智能设备变成可以自我维护和调节的独立的网络节点，这些节点可基于事先规定或植入的规则，实现与其他节点交换信息或核实身份等功能，从而节省大量的设备维护成本。

云计算是一个中心化系统。尽管出于安全考虑，云系统内部会存在一定程度的冗余，但所有数据和功能集合全部存在于云端，外部所有访问都需要通过云系统进行中心化处理。这样，随着云系统内部的数据和功能越来越庞大，其处理效率也会越来越低，因此，有必要通过区块链对云系统存储的数据和云计算的功能进行必要的分布式处理，这样既能从总体上提高效率，也可以进一步确保云系统的安全。

当然，区块链技术与物联网、云计算等技术的融合也会面临一些困难，比如区块链技术的性能拓展问题、资源消耗与成本问题等。区块链技术与这些技术不仅要在技术层面融合，而且要根据具体的业务场景需求，综合利用不同的技术组合，实现特定的功能。区块链技术与其他技术的融合发展，不仅拓展了其他技术的应用空间，而且将极大地促进区块链技术的发展。

第 2 章

区块链相关概念再辨析

按照是否准入可以将区块链分为许可链和非许可链。许可链是需要经过批准才能够进入或退出的系统。非许可链不需要任何人的批准或同意，任何人在任何时候都可以随意进入或退出。

按照服务的业务类型可以将许可链分为联盟链和私有链。按照一般定义，联盟链是服务于多个业务主体的。国际上联盟链的主要代表有 Linux 基金会的超级账本 Hyperledger，企业以太坊联盟（Enterprise Ethereum Alliance，EEA），R3 公司联合巴克莱银行、高盛、摩根大通等机构共同组建的 R3 联盟等。私有链更多被用于一个组织或机构内部。

2.1 公有链的困境和未来发展

我们听说或接触的大部分区块链系统都是公有链，比如比特币系统、以太坊系统、EOS 系统，也包括 2021 年推出的币安智能链和火币生态链。2020 年开始火爆的 DeFi（Decentralized Finance，去中心化金融）应用、2020 年下半年开始大热的 NFT，都是建立在公有链系统上的。

公有链发展至今，除了少数几个系统，比如比特币系统、以太坊系统仍在推进，其他一些曾经风生水起的公有链系统，大部分都已经悄无声息。不考虑那些一开始就按照资金盘或传销套路开展的伪区块链项目，那些真正具有理想主义精神，想为人类创造一个更加美好未来的公有链团队，大部分都难以为继了。为什么短短几年时间，大部分公有链系统就会陷入困境?

2.1.1 公有链发展陷入困境的根源

未能提供满足需要的公共物品和公共服务是公有链发展陷入困境的根源。

1. 公有链系统向社会提供的应该是公共物品或公共服务

按照定义，公有链是面向所有人开放的区块链系统。任何人只要认可公有链的治理原则，任何时候都可以随意进入公有链系统，也可以随意退出公有链系统，不需要任何人或任何机构的批准或同意。公有链的治理原则当然也需要经过初始团队的协商并获得进入该公有链系统的大部分人的同意。

由公有链的界定，我们可以进一步推断，公有链系统提供给这个世界的，应该是面向非特定人的公共物品或公共服务，而不是像许可链系统，仅为系统内部的机构或人员服务。

2. 公共物品或公共服务的两种经济投入产出类型

我们在现实世界中看到的公共物品或公共服务的经济投入产出类型大体可分为两类。一类是如公、检、法、军队等各类政府机构所构成的国家机器提供的社会公共服务，这类公共服务由所有人以纳税的方式埋单。

另一类是教育、医疗、交通、城建、环保等公共基础设施，这类公共物品或公共服务向所有人开放，或者由财政埋单，实际上也就是所有纳税人埋单；或者谁使用谁埋单；或者是两者混合，财政即全体纳税人购买一部分，再由使用者购买一部分。这一类公共基础设施的投入使用，也会形成一定的价值外溢。比如良好的教育环境、交通设施、城市建设等，不仅为这些基础设施的直接使用人带来收益，而且会为整个社会带来额外收益。

3. 三类不同公有链系统 / 应用的投入产出方式

目前公有链系统 / 应用基本上可以分为三类，第一类是比特币系统；第二类是基础公有链系统，如以太坊系统、EOS 系统等；第三类是各种公有链应用，即各种 DApp。

比特币系统是一个专有系统，我们难以在比特币系统之上系统进行二次开发。比特币系统类似于早期计算机系统中的单板机，用途和功能都较单一。以太坊系统、EOS 系统等基础公有链系统定位为区块链领域的操作系统，为其他公有链应用提供底层技术支撑，并不直接运行各种应用。公有链应用则直接面向各行各业，以公有链自身的技术特点和衍生功能满足该领域的公共需求。

从提供服务获取经济回报的角度看，公有链应用直接面向社会各行各业提供公共物品和公共服务，应以其提供的公共物品和公共服务获取收益，或者由全体民众埋单，或者由使用者埋单，或者由全体民众和使用者共同埋单。基础公有链系统的收益则应来自该基础公有链所支持的公有链应用获取的收益。如果某条基础公有链没有支持任何应用，或支持的应用没有提供公共物品和公共服务，或提供了公共物品和公共服务但没有获得经济收益，那么，该基础公有链系统也不可能有经济收益。

比特币系统相对特殊。比特币系统创建的目的是打破货币发行的国家垄断，这一目的最早得到一批技术极客的支持，因此比特币系统早期的开发、运营和维护投入，都是来自民间的自发贡献。在比特币获得部分民众的加持之后，再加上有暗网交易及洗钱等方面的需要以及部分机构投机力量介入，越来越多的机构力量投入到比特币系统的开发、运营和维护中，比如各种矿机生产厂商。但由于自身没有价值锚定，也没有价值依托，比特币成为货币的诉求受到大多数国家和政府的打压和排斥，因此比特币始终处于博弈之中，价格忽高忽低。

抛开比特币系统这个特殊的公有链系统，我们发现，公有链系统陷入困境的主要原因在于公有链系统没能提供社会所需要的公共物品和公共服务，因此难以获得维持系统开发和运营的基本收入。

2.1.2 公有链帮助实现社会良治

公有链系统面向所有人开放，因此，从业务负荷角度看，公有链系统难以承载同时面向不同主体的复杂的业务应用，进而难以实现业务系统流程的优化和重构。但公有链系统面向所有人开放的非许可特性，使得公有链系统可以面向所有人实现链上数据的公开透明，为整个社会提供真实的、难以篡改和不可伪造的公共数据。

从政治学和社会学等学科原理来看，无论是国家、社会，还是社团、社群的公共事务都需要向全体成员公开，这也是实现良性治理和透明治理必不可少的前提，由此要求相应的公共数据公开透明且难以篡改、不可伪造。这一类业务大部分是非经济领域事务，应由政府、社团或社群埋单，这是其运行的必要成本，也恰好是公有链系统可以提供的功能。

此外还有一部分业务，如教育、卫生医疗、社会保障、扶贫等，同样需要向全体国民公开相关数据，而且要做到全体国民可以对相关数据的真实情况进行独立检验。这类业务既具有社会属性，又具有经济属性。对这种具有双重属性的业务需求，则可以根据业务的具体实施情况和国家相关政策，获取相应的服务费用。

2.1.3 不同类型公有链未来发展方向

1. 公有链建设和运营团队提供的应是专业化的服务

公有链本应面向全社会提供基于公开透明和难以篡改、不可伪造的公共数据服务，以帮助建立可信社团、可信社群、可信组织、可信政府和可信社会。

任何团队，尤其在创业之初，由于能协调和调动的资源会十分有限，因此，公有链团队更应精准把握时代发展所带来的公有链的结构性生存和发展机遇，而不应该一开始就从极其宏大甚至是改变宇宙运行规律的业务场景和应用入手。即公有链建设和运营团队既不应该试图负责数据来源，也不应该试图负责数据输出，而只需要提供相应的技术支持，辅助建立相应的区块链平台，帮助业务团队在业务层面实现对数据的真实性检验。公有链建设和运营团队提供的应该是基于技术实现能力之上的专业化服务。

目前大多数公有链团队都偏离了这个发展方向。几乎所有的公有链团队都从头开始建设自己的社团和社群。即使团队本着良好的初心，建立了社团和社群，但由于社团和社群缺少生态内容支撑，最好的结果也只能是空有社团和社群而没有业务生态。最后社团和社群陷入空转状态。

2. 底层公有链系统在提供多类型技术支持的同时应着手建立技术生态

公有链系统未来的发展还是要回到公有链能够提供的最本质价值上来。底层公有链团队在不断提高自身技术水平和实现能力的同时，还需要针对公有链应用的不同部署需求，提供多种可选的技术、平台以及基础设施支撑方式，而不是始终一个平台、一套系统，以不变应万变。

同时，底层公有链团队应着手建立技术生态体系，需要孵化更多的公有链应用项目，而且帮助公有链应用项目更深刻地满足不同行业、不同领域、不同类型的社团、社群、组织和机构的需要，这样才能更快地通过技术服务获得自己的经济回报。

底层公有链正如其定位为操作系统一样，注定是一个投入大、周期长、回报慢、竞争激烈的大系统。技术的提高和完善不是一时半会的事情，技术生态的建立和完善更是长期工作。

3. 公有链应用的发展重点在于对需求的深度满足

首先，公有链应用团队需要深入不同行业、不同领域，研究分析不同行业、不同领域对可信公共数据服务方面的需求，以自己对该行业和领域的专业性分析和未来发展趋势的把握，建立起自己在该行业、该领域公共数据技术服务方面的专业性和公信力。

其次，公有链应用也可以瞄准一些对数据公开透明、难以篡改和不可伪造有特殊需求且面向非特定人的行业，比如游戏、彩票、征信、公证等领域，在政策允许的前提下开展相关服务，获取相应的市场化收益。

最后，公有链还可以与许可链按照业务需要构成链网，从而实现复合的业务逻辑，通过其他方面的经济收入弥补公有链团队的运营支出。

2.2 联盟链和私有链概念再辨析

区块链按使用对象和应用场景，一般可分为公有链、联盟链和私有链。公有链的定义基本不存在疑义，最多只是在具体文字表述方面可能会略有出入，但联盟链和私有链的概念却有些含糊。

“联盟链是指由多个机构共同参与管理的区块链，每个组织或机构管理一个或多个节点，其数据只允许系统内不同的机构进行读写和发送。联盟链的各个节点通常有与之对应的实体机构组织，通过授权后才能加入与退出。各机构组织组成利益相关的联盟，共同维护区块链的健康运转。”

“私有链，也称专有链。它是一条非公开的‘链’，通常情况，需要授权才能加入节点。而且私有链中各个节点的写入权限皆被严格控制，读取权限则可视需求有选择性地对外开放。通常情况，私有链适用于企业内部的应用，以及特定机构的内部数据管理与审计等金融场景的应用。特别是在某些情况下，私有链上的一些规则，可以被机构修改，比如还原交易流程等服务。”①

① 对联盟链和私有链的界定参见雪球网。

以上是通过网络搜索到的有关联盟链和私有链的定义。其他关于联盟链和私有链的定义也基本与此类似。

梳理和分析联盟链和私有链的界定，好像两者的区别仅在于私有链适用于企业或机构内部，联盟链适合组织机构间。这一界定有其内在不一致的地方，尤其在当今世界，何为企业内部、何为组织机构间，并不是一件容易说清楚的事情。

比如摩根大通集团，本身是跨国机构，集团内部又有不同的公司，不同的公司也是单独的实体。如果摩根大通集团建了一条链，供机构内部公司使用，那么这条链是私有链还是联盟链？

如果把私有链界定为面向单一业务场景的区块链系统，联盟链界定为面向多个业务主体、关联多个业务场景的区块链系统，以上存在的很多不一致就可以得到解决。面向单一业务场景的区块链系统，面对的可能是单一主体客户，也可能是多个业务主体客户。例如用于投票选举的投票链[①]，尽管面对人数众多，但所有人在这个系统中的身份都是选举人，是单一主体；用于小区设备管理的区块链系统，通过对所有设备加载设备状态传感器并直接将设备状态数据写入区块链系统，那么这个系统面向的是多业务主体，既包括设备使用者，也包括设备管理方和设备维护方，但这个系统面对的也是单一业务场景，即设备管理。

因此，在以上的界定条件下，类似摩根大通集团发行的数字货币摩根币就是私有链系统，而不是联盟链系统；Facebook 发行的 Libra 系统也是私有链系统，而不是联盟链系统。因为尽管内部存在多个甚至多种类型业务主体，但所有业务主体面对的是单一业务场景。

由此，我们可以再进一步，是否可以由私有链构建联盟链？我们认为这种思路不仅是可行的，而且是未来区块链系统发展和落地的必经之路，即由私有链或扩展或组合成为联盟链系统，由单一业务场景或连接或扩展为多业务场景，由单一业务主体或扩展或连接为多业务主体。

因此，联盟链系统有可能存在多个私有链系统，每个私有链系统作为单独的一个节点或几个节点参与联盟链系统的运营和管理，各个私有链系统内部实现该私有链的数据共享。当然也有可能联盟链系统直接面向多个单独的业务主体。构成联盟链的节点，既可能是单一的节点，也可能是某个私有链系统。联盟链系统相比私有链系统在更高

① 投票链是 2017 年开发建设的一个区块链系统。

一个层面上，在联盟链直接关联的节点内部实现联盟链的数据共享。还有一种可能，即存在业务场景的递归，私有链嵌套私有链，但这并不否定联盟链的存在。

由私有链构建私有链，由私有链构建联盟链，以及数据在不同层面不同层级范围内共享，这极有可能是未来区块链系统应用落地的真实架构。

2.3 联盟链系统没有“激励”的原因

2.3.1 区块链系统中的“激励”

如果没有任何应用场景，又怀有一颗善良的初心，类似于比特币系统，那么“激励”就只是为了维护系统自运行和集体维护而被人为构造出来的一张“饼”，以总量有限来人为地制造稀缺，用后进者的资金奖励先进者。因为没有任何应用场景，系统就无法创造任何价值。如果这个系统始终承载不了任何有价值的应用，那么它最后大概率会崩盘，成为一个真正意义的庞氏骗局。从一个共识规模很小的群体出发，试图制造另一种形态的黄金，在极大概率上只是一种美好的想象。

正因为后来找到了比如暗网交易、洗钱等应用场景，满足了逃避监管的业务需求，比特币才产生了对应的价值。正是在这种价值基础上，加上各种机构和个人的参与，加上各种挖矿活动带来的成本推动，比特币的价格一步步被推高。

这时的“激励”由一开始的庞氏骗局变成所依托价值的进一步放大和所谓生态系统的发展壮大，“激励”也开始变得有黏性。当然，在这个过程中，比特币可能会应用于更多的业务场景，创造更多的价值，那么，这种“激励”的作用会进一步发酵。

以太坊一开始的初衷就是要创造价值，为其他应用提供系统平台，因此，以太币除了包含比特币相应的功能，还隐含着一点类似股权一样的功能。如果后来以太坊的发展不那么成功，或者干脆不成功，以太币也不会呈现出那么大的价值，这个庞大的系统也就很难长久持续地自动自发运行下去。如果真的出现那种情况，那么所谓的“激励”作用自然就要大打折扣，甚至不复存在。

在比特币和以太坊后面出现的那些带有“激励”的区块链项目大体可分为如下几类。第一类是项目发行方根本就没有打算做任何事情，“激励”的存在只是为了所谓“融资”，那么这种“激励”自然不存在，而是变成彻头彻尾的庞氏骗局。第二类是项目发行方确实在认真做事情，但限于能力水平及各种不可测因素，项目没有成功，那么这种所谓的“激励”功能也只剩下了“融资”，在项目失败后，“激励”的功能自然不存在。第三类是极少数做得有特色且能创造价值的区块链项目，这些项目依靠“激励”募来的资金得以存活。但是，如果这类项目不能迅速找到新的应用，创造出等价的甚至超额的价值，这类项目的前景堪忧，到那时这种“激励”还在不在，或者“激励”的效果到底怎么样，也就难说了。

2.3.2 联盟链系统中为什么没有“激励”

联盟链系统是为有业务联系的各参与方建立的一个准入系统。联盟链系统内的各业务主体之间的连接依靠的是业务上的关联和利益的相对一致，而不是为了获取所谓的“激励”。即使为联盟链系统设计了“激励”，那么这个“激励”来自哪里，又“激励”谁，为什么“激励”呢？公有链系统中的“激励”来自各参与方对未来的预期和想象，“激励”能否最终实现，还要看未来整个系统的发展。而联盟链系统内部各业务主体本身就是业务参与者和价值创造者，联盟链系统的运行和维护成本，也会根据各业务主体在联盟链内的业务角色进行分摊。联盟链的准入特性，决定了联盟链系统不会允许单纯为了获得“激励”的用户在系统内部存在，更决定了联盟链不可能将参与方扩大到非特定对象。

当然，联盟链系统的这种业务定位，并不必然否定联盟链系统内部存在“代币”。目前大多数法币并不具备可编程性[①]，还没有办法在法币基础上实现“交易即支付，支付即清算”，因此，确有必要通过发行“代币”、通证或令牌（token），实现联盟链内各主体相应权益的承载和表达，就类似于摩根大通集团在其业务范围内发行的摩

① 中国人民银行发布的《数字人民币研发进展白皮书》显示，数字人民币可通过智能合约实现可编程性。

根币一样。但这种“代币”或令牌的发行和流通，并非为了“激励”，主要是为了实现各种权益承载和表达的可编程性。如果法币能够实现可编程，那么还有没有必要在联盟链系统中设计“代币”值得商榷。

2.3.3 实现联盟链系统以外的“激励”

当然，联盟链系统也有可能为了进一步建立和扩大联盟对外的业务生态，在联盟链体系之外通过“代币”的“激励”去增加客户黏性，扩大联盟的生态影响。但这种“激励”已经是公有链的业务模式，而不再是联盟链的业务模式。

也就是说，从大的生态系统建设和维护角度来看，可以实现联盟链和公有链的结合，即在业务系统的核心层——联盟链内部通过作为权益载体和表达的“代币”或法币，实现基于区块链数据难以篡改和智能合约编程基础上的实时交易和清算。而在业务系统外围，也就是面向非特定用户层面，采用公有链架构，在提供产品或服务的时候，通过“代币”方式的“激励”，实现业务范围的扩张和生态的构建并增加客户黏性，这在某种程度上类似于目前互联网企业的分润引流。

2.4 区块链未来的再中心化和再中介化

现在我们更多强调的是区块链系统自身技术架构的去中心化，以及将区块链应用于各种业务系统将会带来的业务体系的去中心化和业务流程的去中介化，通过去中心化和去中介化，优化业务流程、降低运营成本、提升协同效率，在系统层面提高性能。

如果我们深入一个层面思考，区块链系统能够去掉所有的中心和中介吗？如果不能，那么区块链系统去掉的是哪一类中心或哪一类中介？区块链系统的整体效率又是如何提高的？

要回答这个问题，我们必须回到区块链系统本身，即区块链能够带来系统去中心化和去中介化的基础是什么。

区块链系统在业务层面带来的可能改变，源于数据的全网一致和数据不可篡改。区块链系统所采用的技术，也都是为了确保数据全网一致和真实可信。因此，区块链在各个业务体系中的去中心化和去中介化，也必然针对的是基于数据不对称形成的数据中心和数据中介，而不是对业务体系中的所有中心和中介。

区块链可能带来的改变之一，就在于在占有数据一致性对等的前提下，所有节点对原有在数据占有不对等基础上形成的中心化、他组织的业务流程和社会治理架构进行重新组织，实现业务体系的去中心化和自组织，由此变革为新的业务体系，实现业务体系的重构。业务体系重构之后，是否就不存在中心环节和中介环节了呢?

业务流程重构之后的区块链系统，会去掉由于数据不对等而形成的中心环节和中介环节，同时，那些与数据不对等相关的中心环节和中介环节也会被去掉。除此之外的中心环节和中介环节，则不应该被去掉，也不存在被去掉的基础和前提。正如人类社会从来不存在完全的去中心化系统，也不存在完全的中心化系统一样，在消除了数据不对等情况以后，区块链系统仍然会存在中心环节和中介环节，甚至还会在新的业务体系中生成新的中心环节和中介环节。

由于所有节点拥有了相同的数据，系统内的所有节点会基于数据对等对业务流程进行重构。但不同的节点在新的业务流程中仍然会基于其自身的业务供给和需求而扮演不同的角色。如果所有节点在业务流程中不存在业务供给和需求方面的差异，自然不会生成新的中心环节，但更根本的是不存在业务流程。这一类新的中心节点不是指那些并非由于数据不对等而存在的中心节点，而是在新的业务流程中在自组织基础上扮演着业务主导角色的节点。

张五常在《经济解释》中曾描述了一个现象。在江边拉船的纤夫，原本是一种平等的自组织结构体，但在拉船的过程中有人会偷懒，由此损害整体效率，也会损害公平。如果大家都偷懒，集体拉船这一业务也就难以进行下去。为了使拉船这一业务能够进行下去并杜绝偷懒行为，纤夫会集体出资聘请管理人员对纤夫进行监督。这是在人类现实生活中发生的在数据对等和自组织基础上自发形成新的中心节点的典型案例。区块链应用于业务系统，也会在数据对等和自组织基础上发展出相应的中心节点，来对业务流程进行必要的他组织。这种他组织表面上看可能降低了效率，实际上却极大地提高了效率。

此外，即使是实现了完全的数据对等，也不可能实现完全的去中介。在现实生活中，国家的法律法规、司法解释、判决案例，对所有人都是公开的，但当我们处理法律问题的时候，仍然需要聘请律师。律师当然是一个中介环节，但这种中介不仅没有降低反而提高了效率。

区块链系统能够去掉，也应该去掉的是原来那种单纯因为数据或信息垄断而存在的中介环节，并不是所有的中介环节。同时，在将区块链应用于业务系统之后，还会由于各个节点能力的差异而产生新的中介环节。也就是说，由于区块链业务系统内部不同节点存在能力差异，区块链系统在数据对等和实现自组织以后，仍将实现业务流程某种程度的再中介化。

区块链与业务系统充分融合以后，在产业结构内部，节点地位将更加平等，节点定位将更加清晰，业务流程也将更加优化。在产业结构外部，不同产业的连接融合也会越来越多，产业边界将越来越不清晰，产业链将向产业网方向过渡。

区块链是人类历史发展进程的一场伟大革命，但它不能脱离人类社会几千年历史而形成的发展规律。未来的区块链世界，仍然会存在新的中心和中介，只是这种中心和中介并不是由于数据的垄断而形成的，而是在自组织基础上，不同节点基于业务定位和自身能力的差异而形成的。这种中心和中介总体上是提高效率，而非降低效率的。

2.5

从架构层面实现区块链系统监管

区块链系统以其去中心化、去第三方信任、系统集体维护、数据难以篡改不可伪造、数据可溯源可追踪等一系列特点，有望成为未来数字经济的底层技术架构。因此，如何实现对区块链系统的监管成为当前区块链系统设计和应用的重中之重。

区块链是一种由几种技术组合而成的特殊形式的分布式系统。区块链这种系统架构源于比特币这种点到点的支付系统，在设计初始并未考虑监管问题，甚至本身的设计初衷就是去监管的。因此这种架构应用于比特币这种无中心化的支付应用是可行的，但将其推广到其他应用，则是存在极大问题的。

亚当·斯密在《国富论》中指出，分工和专业化带来的劳动生产力的增进，是人类社会发展进步的重要原因。不同的分工和专业化决定了不同人在社会组织结构中的位置和作用。区块链系统的设计初衷是所有人在数据和信息占有面前实现完全平等，但在数据和信息占有面前实现完全平等，并不等于所有人在对数据和信息的理解、处理方面的能力是相同的。从人类社会发展历程来看，人类社会既不存在完全的无中心化发展阶段，也不存在完全的中心化发展阶段。对涉及人类社会发展的关键性业务实施必要的监管，是保证人类社会平稳有序发展的基本手段，也是人类社会几千年以来留下的经验和教训总结。

从当前区块链系统架构来看，公有链由于其开放性，易于监测，但难于管理。对于联盟链和私有链，如果监管方是联盟链和私有链的成员之一，甚至是联盟链和私有链的发起方之一，则监测和管理都相对容易实现。但如果监管方被排除在联盟链和私有链之外，不具有系统准入性，则监测和管理都会存在相当的难度。

中央网络安全和信息化委员会2019年1月10日颁布并于2月15日开始实施的《区块链信息服务管理规定》，要求国内运行的区块链系统必须报备，这为实现对区块链系统的监管提供了法律法规上的依据，也开启了监督管理上的通道。

但目前区块链系统在设计上是缺少监管考虑的。我国可信计算奠基人沈昌祥院士多次指出，初始的计算机系统仅仅作为计算工具，而没有考虑自身的安全问题、计算科学问题、架构问题和计算模式上的缺失，导致了信息系统一系列的安全性、可靠性问题。同样，为了让区块链系统能够与更多业务场景结合，必须从架构层面构造有监管的区块链信息系统结构。这种有监管的区块链信息系统，实质上也是可信信息系统架构的重要组成部分。

完全重新构造区块链架构，不但有设计上的难度，而且从生态建设角度来说也不现实。对区块链信息系统架构进行优化，在充分保留现有架构优点的基础上，以嵌入式的方式，对现有架构中的密码和安全部件进行功能上的丰富和扩充，通过底层跨链技术实现对不同链的链上数据进行监测访问，在目前各方单一密钥基础上实现基于安全多方计算（Secure Multi-Party Computation，SMPC）的分布式密钥管理，以构造不同的人员、组织、角色和职能的灵活组织，则既可达到监管的目的，又可以满足不同业务场景落地的需求。

第 3 章

区块链带来革命性改变

区块链系统具有与传统互联网完全不同的特征。

如果说传统互联网实现了广泛的连接，区块链则带来了连接性质的改变。原来由互联网实现的连接不是可靠、可信的，需要通过可信第三方为信任背书，而区块链在互联网基础之上产生的连接则是不需要通过可信第三方就可以实现的可靠、可信的连接。

与以往的技术改变相比，区块链带来的是一次截然不同的技术革命。

人类在征服自然、改造自然方面的主要目的是降低成本和提高效率。区块链将几种已有的技术进行了组合，但是它极大地降低了效率，而且需要消耗大量资源。从信息系统的角度来说，一般情况下，数据存储在一个存储单元就可以了，即使是为了避免数据损坏，2~3 个额外的备份也足够了。但区块链要求所有的数据在全网范围的所有节点都有一个完整的备份，这将消耗相当多的资源。同时，区块链系统还要求这些数据的相关人员对这些数据通过数字签名进行真实性确认，其他不相关的人员也要对数字签名的真实性进行认可、认证。所以，区块链的工作效率不可能高。从技术角度来看，区块链的逻辑是完全违反以往技术革命的逻辑的。

应该说，我们对区块链这一特征的认识还远远不到位。这一特征与其他技术的结合，完全可以演化和生成更多的商业逻辑和模式组合，带来更多意想不到的价值。区块链出现之后火热的社区（社群）经济本质上仍然是互联网的业务模式，但由于其建立在区块链连接可靠、可信这一特征上，因此获得了完全超越以往的实践效果。目前正在快速进化的 DeFi 也建立在这一特征之上。

3.1 区块链的竞争维度跃升和时代机遇

3.1.1 竞争战略升维和降维

近几年关于商业竞争极具迷惑性的说法之一可能是竞争战略升维以及降维打击。

人们还没厘清互联网思维是怎么一回事，区块链思维接踵而至。就连互联网企业养猪也被定义为互联网企业对传统养猪行业的降维打击，但养猪行业做得最好的还是那些传统企业。

那么，到底什么是竞争战略升维，什么是降维打击呢？

为了便于阐述和理解，我们以战争的演进进行说明。

1. 低层次的升维是竞争方式的本质性改变和对竞争空间的极大拓展

战争是竞争的极端形式，以让对方完全屈服为最终目的。纵观人类社会战争演进历史，人类的战争手段从远古时代的冷兵器逐步演进到热兵器，随着生产力和科学技术的进步，作战空间也从陆地作战拓展到空中作战，直至目前的太空和外太空作战。

在这个过程中，每一次作战方式的演变和作战空间的拓展，都是一次升维。

在冷兵器时代，决定战争胜负的主要是作战双方的人数优势、体力优势、武器先进程度以及人对武器的熟练运用程度等因素，以消灭对方有生力量、使对方失去战斗能力为直接目标。在冷兵器时代，人体的任何一个部位受到伤害，都会影响到人对武器的操控。因此，对人体的任何伤害，都可以实现战斗的直接目的。由于武器的局限，一般情况下战斗都需要交战双方身体直接接触或近距离接触。

到了热兵器时代，作战双方仍然以消灭对方有生力量为直接目标，但从让对方失去战斗能力这一目标来看，轻微的身体上的伤害可能达不到战斗的直接目的，而使对方失去使用热兵器时代的武器成为最低目标。武器的先进程度成为战争取得胜利的主要因素，至于参战人数差异、体力差异等因素则显得不那么重要。

飞机被发明以后，战争从原来的地面二维空间直接跃升到三维空间。二维作战空间主要的战斗力量是陆军。相比三维空间立体疆域的战争，二维作战空间中，热兵器时代作战双方尽管不需要像冷兵器时代参战人员身体上有直接的接触，但更多还是体现了直接的对抗。但空军出现以后，拥有空中优势力量的一方就可以从空中对敌方的地面军事力量进行打击。原来很多地面作战时所拥有的优势，比如山川河流等地形地貌方面的优势，在空中打击力量面前基本不值一提。

从比较狭隘的角度来看，“水军”或“海军”原则上不构成新的维度的作战力量，因为他们无法对传统的陆军或地面作战力量形成打击。“水军”或“海军”开辟的是另外一个平行战场。

当前世界军事对抗已经拓展到太空和外太空，在太空和外太空占据力量优势的一方如何打击不占力量优势的一方，具体的作战方式和作战样式还不得而知。但一旦太空作战力量形成，这个维度上的作战方式和打击力度肯定是与目前由海、陆、空、导弹部队形成的三维作战空间显著不同的。

通过对战争演进几个阶段的粗线条勾勒，我们可以看到，战争形态的每一次演进，都是对双方竞争方式的本质性改变，同时伴随着竞争空间的极大拓展。每一次竞争方式的本质性改变和竞争空间的极大拓展，都给占力量优势的一方带来了新的远胜于传统的制胜方式和手段。同时，竞争空间的拓展，给了占力量优势的一方更大的机动性、灵活性和竞争优势。但以上这些改变或拓展，仍然是以消灭对方有生力量为竞争目标的，并没有改变竞争目标。我们将这一个层次的升维称为低层次的升维。

2. 仅有环节和流程上的优化或个别改进不能称为升维

接下来以战争中的信息情报传递为例进行阐释。

伴随着战争形态由冷兵器时代进化到热兵器时代，再进化到太空和外太空时代，信息情报传递方式也一直在改变。

冷兵器时代需要传递的信息通常是一些简单和低层次的信息，如将令、探报等，信息传递的方式包括烽火、灯光、号角、旌旗、金鼓等，传递的范围也一般限定在视听距离以内。信息情报传递活动主要靠人力进行，手段原始、方法简单。

例如烽火台是古代信息情报传递速度最快的方法之一。白天以狼烟为号，晚上以举火为号，可以达到示警的作用。在从周朝到清朝的漫长历史中，烽火台一直在军事上发挥着重要的信息情报传递作用。但烽火台能够传递的信息过于简单，信息含意也极为有限，只能代表“有敌人”单一信息，其他诸如敌人的武器装备情况、人数、骑兵数和辎重、粮草等信息是无法传达的。而且这个方法还极大地受到天气条件的限制，如果在大暴雨或者台风天气，烽火无法正常起作用。

驿站一直是我国古代社会官方传递公文、信息和情报的主要途径，驿站的传令兵负责信息的“上传下达”。传递紧急信息时，“八百里加急”是最快的传递方式。但如果传令兵在路上被截、叛变、突发疾病或死亡等，信息极有可能不能送达，甚至有可能传达虚假信息。

到了热兵器时代，现代通信技术的出现为军事信息传递提供了新的方式。19 世纪末电报和无线电的发明，使无线通信成为信息传递的重要方式。为了保障信息安全，密码技术、无线电监听监测、电子侦察与干扰、遥测遥控、激光、光纤通信、计算机等技术都开始广泛使用。军事装备信息化也成为热兵器时代后期的武器发展潮流，雷达、制导装备、数据头盔等带有信息通信能力的军事装备相继在军队中得到使用，特别是雷达、电报电话等装备，使军队具有了超视距的信息探测手段和信息传输手段，这大大延伸了参战官兵的信息获取能力，增强了信息传递的时效性，使信息在战争中的作用明显增大，甚至直接影响战争胜负和国家命运。

热兵器时代的信息情报传递突破了冷兵器时代仅仅依靠人的体力和生理能力传递信息的限制，同时极大地拓展了信息情报的内容范围，特别是以反映武器装备性能和活动特点为主要内容的非信息情报成为重要的信息传递类型。航空侦察、舰船侦察等侦察手段的运用使情报活动的范围从狭小的地面拓展到广阔的天空和海洋，情报活动的主体也由个体人员发展为庞大的情报机构。

但这些改变，相对于参战双方的最终目标，仍然是局部的，它们是个别环节和流程上的改变，并不改变战争的最终制胜方式。战争最终仍然以消灭对方有生力量、使对方失去战斗能力为直接目标。这一阶段的军事装备信息化，对于提高武器性能，尤其是武器的协同性能是极为重要的。但它仍然是辅助性的手段，对战争双方来说，不是最终的手段。

3. 高层次的升维不仅是竞争手段和竞争内容的全方位改变，同时也是竞争目标的改变

当前阶段的军事斗争内容正从武器装备的信息化进化到信息装备的武器化。武器装备的信息化是指在现有武器装备之上加载信息化部件，使武器具有实时的信息通信能力，也可能会有一定程度的信息控制能力。但信息通信能力和信息控制能力仍然是服务和服从于该武器装备自身的用途的。例如在坦克上加装信息化系统是为了更好地发挥坦克自身的火力方面的摧毁能力，而不是为了使坦克具备控制或干扰信息的能力。

但当信息化系统建设进入高度发达阶段，渗透到军事以及民用活动的大部分环节的时候，信息获取、信息传递、信息干扰和信息破坏等信息优势，即制信息权就代替了消灭有生力量这一传统的战争目标，而成为战争中新的竞争内容。这是对竞争空间的另一个维度的拓展，这种拓展同时也标志着竞争双方竞争手段的根本性改变和竞争内容的全方位改变。

比如通过超级病毒等信息化武器破坏敌方的电力系统、交通系统、通信系统、广播电视系统等基础设施，使敌方所有战斗力量及可能形成战斗力量的其他力量陷于瘫痪状态，进而达到孙子所说的战争最高境界——不战而屈人之兵。

不仅改变竞争手段，而且改变竞争内容，直至改变竞争目标，我们称这个层次的升维为高层次的升维。

4. 升维是对竞争目标更快速、更便捷的触达

从冷兵器时代到热兵器时代，再到信息化作战，战争演进每个阶段的竞争要素和竞争内容都不同。随着双方竞争战略的维度提升，战争的竞争要素和竞争内容也必须全面更新，原来占主要地位的竞争要素和竞争内容可能仍然存在并会在一定条件下发挥作用，但其在新维度下的地位和作用发挥方面不是最终的决定性因素。而新的竞争手段和工具，或竞争要素将成为新维度下决定竞争胜负的主要因素，这些新的竞争手段和工具，相比以往的竞争手段和工具，会更快速、更便捷地触达最终竞争目标。

冷兵器时代参战队伍的数量优势可能是决定战争胜败的主要因素。但在热兵器时代，参战队伍数量这一因素的地位明显下降，而武器装备性能的地位显著上升。谁掌握了先进的热兵器谁就拥有更大的竞争优势，更容易实现竞争目标。坦克大炮对单兵枪械的替代，战斗机和空军对地面火力和陆军的替代，都是如此。

这些还只是从竞争手段到竞争内容的更新，最终目标还是消灭对方有生力量。而信息装备武器化则是从竞争内容、竞争要素到竞争目标的全面更新。信息战并不试图直接消灭对方有生力量，而是以摧毁对方的各种基础设施、使对方丧失战斗能力为目标。在信息化社会中，一旦一个社会依赖的各种基础设施被摧毁，这个社会也即将丧失社会动员、统筹协调等基本的战斗或竞争能力，剩下的只能是束手就擒。

因此，战争从消灭对方到使对方屈服，从在肉体上毁灭对方到摧毁对方基础设施，可以说，升维是竞争内容和竞争要素的全面更新，是对竞争目标更快速、更便捷的触达。

5. 降维打击是低层次升维中多维对单维、新维度对旧维度的替代

所有的竞争工具和竞争要素在任何环境条件下都是存在的，但这些竞争工具和竞争要素在不同维度竞争空间中的地位和发挥的作用是不同的。低层次的升维是对竞争工具、竞争方式乃至竞争内容的根本改变，而高层次的升维不仅包括竞争工具、竞争方式、竞争内容的根本改变，而且包括竞争目标的全新改变。

在实现低层次升维的环境下，竞争目标并未发生变化。此时的降维打击，更多是多维的竞争工具和竞争手段对比单维的竞争工具和竞争手段的胜出，是新维度形成的竞争能力对旧维度形成的竞争能力的替代。

在实现高层次升维的环境下，竞争工具、竞争方式、竞争内容及竞争目标都发生了改变。这种情况下基本不存在降维打击的问题，而是低维空间下的竞争能力已经无法进入高维空间的问题，两者已经难以产生正面的竞争关系。仍以战争为例，已经全面实现信息化、数字化战斗能力的国家，与还处于原始状态以大刀、长矛作为主要武器的国家，基本不存在发生战争的可能。即使真的发生了冲突，已经实现了信息化、数字化战斗能力的国家可以通过竞争工具的多次降维轻易进入处于原始状态的国家，但处于原始状态的国家则难以进入已经全面实现信息化、数字化作战能力的国家。再以商业广告为例，单纯的文字广告无论措辞多优美，在对人的注意力获取方面难以匹敌由声、光、电等多种要素综合编排的多媒体广告。

在商业领域，人们一般把区别于已有形态的新的商业竞争要素和竞争内容称为“升维”，但在同一时期几乎很少会出现可以称为升维的商业形态。新的商业形态或商业模式一般只是一种创新或者改进，在较低的层次或实用的层面上，可以将新增加的竞争要素或竞争内容看作是在原有基础上增加的维度。虽然这些维度不能取代或颠覆原有维度内的竞争要素和竞争内容，但是可以在一定程度上解决原有竞争维度下存在的问题，改进原有的业务流程，优化原有的生产过程。

低层次升维意义下的高维打低维，即实现多维对单维、新维度对旧维度的替代，既需要经过时间积累，也需要等待时机，例如新技术的突破。但要想实现高层次升维，除了要具备这些条件，有时还需要一些天才人物以及天才想法的涌现。例如 iPhone 手机就是对原有商业模式的全新颠覆，即人类对手机的需求不再局限于打电话和发短信，而是要求能够实时获取和处理信息。

如果说低层次升维只是改写人类商业函数的定义域，改变实现商业竞争目标的方法和手段，那么高层次升维则一并改写商业函数的定义域和值域，不但改变实现商业竞争目标的方法和手段，而且改变最终目标。

3.1.2 区块链带来维度上的改变

目前的信息系统更多是基于互联网搭建的。基于互联网结构的信息系统基本都是中心化系统，从系统的建设、运营到维护，都是由中心节点自己完成的。所有数据也都存储在中心节点。中心节点拥有自己所掌控数据的全部处置权，也具有数据管理的全部能力。即使出于监管监控或其他目的，这种监管监控方要么是中心自己，要么是权威第三方。

而区块链实现了无中心情况下的数据公开透明、系统稳定运行，而且保证数据难以篡改和不可伪造。这是区块链与传统互联网明显不同的地方。

在目前仍以中心化系统为主导的互联网时代，区块链的大规模场景落地应用有待进一步呈现。为了让区块链能够匹配更多业务场景，拓展区块链的应用空间，发挥区块链的真正价值，需要从理论上进一步深入剖析到底哪些元素是区块链系统和互联网的根本区别，哪些元素起支撑作用，哪些特征是在这个根本区别要素的基础上衍生出来的。只有厘清这些关系，我们才有可能真正发挥区块链的最大潜力。

1. 区块链系统和互联网根本区别元素

在区块链区别于互联网的诸多特征中，**全网各个节点可以独立验证区块链的链上数据，是区块链系统与互联网的根本区别元素。**

互联网环境下的信息系统可以实现数据的公开透明，也可以实现数据的可验证，但这种公开透明或可验证，是中心机构决定数据是否公开以及是否允许验证。即使由权威第三方决定该数据必须公开或数据可验证，大多数时候也是权威第三方对数据进行验证后再告知验证结果，而不是由所有人来决定数据是否公开以及能否由全网节点对数据的真实性进行验证。这有业务层面的问题，但深层次的问题是技术层面没能提供相应的技术工具和手段。因此，在互联网中，即使数据公开或经第三方进行数据真伪验证，这些数据是不是真的、有没有被篡改或是否完整，也是不得而知的，因而这些数据在可信任程度方面大打折扣。

区块链系统实现了链上数据在全网范围内无条件公开透明。即使为了匹配更多业务场景，要求链上数据更多以隐私状态呈现，区块链系统在最低程度上也能够实现全网各节点独立验证链上数据的真实性。如果链上数据既不公开透明也不可验证，那么这些数据是否真的难以篡改和不可伪造无从检验。既然连数据真伪都无从验证，那么区块链基于此的去信任和交易可追溯等特征也无从建立。

区块链系统去中心化运行为数据可验证提供物理支撑。

区块链系统是一个由众多节点共同组成的端到端的网络，不存在中心化的设备和管理机构。节点之间的数据交换通过数字签名进行验证，不需要第三方权威机构担保建立信任关系，只要按照系统既定的规则运行即可。

由于区块链系统采用去中心化方式运行，这在基础架构上决定了区块链的数据占有和使用在全网范围都是一致的，不存在数据被一方控制的情况，实现了数据可验证的物理支撑。如果区块链建立在一个或几个中心节点之上，尽管区块链的链上数据从技术上仍然能保证难以篡改和不可伪造，但却无法保证在出现极端情况时，中心化的机构不会更改或删除数据。如果出现这种极端情况，区块链所谓的链上数据可验证、可追溯等特征也将不复存在。

区块链系统集体维护是其实现去中心化运行的技术保证。区块链系统中的数据块由整个系统中所有具有记账功能的节点共同维护，任一节点的物理损坏或数据丢失都不会影响整个系统的运行。区块链系统没有管理中心一类的机构，集体维护这一特点也可使其具有极好的系统稳定性。

链上数据公开透明是区块链链上数据可验证的特例。

比特币系统或大多数区块链系统实现的链上数据全公开透明当然是数据可验证的理想模式，但这无疑会将很多数据排除在区块链系统之外，同时会限制很多业务场景在区块链系统上的运行。因此，从与更多业务场景匹配、让区块链在更多场景下发挥更大价值的角度来说，综合目前技术的发展情况，安全多方计算、零知识证明等技术已经可以允许隐私数据上链，在确保数据隐私的前提下，实现数据的真实可验证。

数据难以篡改和不可伪造是链上数据可验证的前提。

区块链系统通过技术手段和社会治理手段保证链上数据的难以篡改和不可伪造，这是链上数据可验证的前提。如果区块链系统无法保证链上数据难以篡改和不可伪造，那么链上数据的可验证性也就没有必要存在了。

单纯从数据难以篡改和不可伪造的角度来说，传统技术或分布式系统也可以做到，但那种做到，只是对数据占有方而言，而不是对全网所有节点而言。数据难以篡改和不可伪造对互联网环境下的传统系统是难以做到的，最多只有在存在可信第三方的情况下，由可信第三方进行监督和监管，才有可能实现数据的难以篡改和不可伪造，但这种情况下的数据是否真的难以篡改和不可伪造，取决于第三方是否真的可信。

交易可追溯和去第三方信任是数据可验证的衍生功能。

区块链系统的块链式数据结构使得链上数据具有交易可溯源性，同时区块链系统通过数据的可验证性实现了去第三方信任。无论是交易可溯源还是去第三方信任功能的实现，都是数据可验证的衍生功能，它们完全建立在数据可验证的基础上。如果区块链的链上数据不可验证，即使保留区块链的块链式数据结构，追溯得到的交易记录也是无意义的。如果链上数据不可验证，区块链系统去第三方信任将无法实现。

2. 全网各节点可以独立验证链上数据是区块链系统相比互联网的升维所在

区块链通过链上数据全网各节点可独立验证所实现的对互联网业务模式的补充、丰富和完善，不仅是对互联网业务模式的改进与优化，同时也以其去中心化的模式，颠覆了原有互联网的中心化业务体系。这为原有的互联网业务模式带来了革命性的影响。区块链系统相比传统互联网，其竞争内容和竞争要素均将发生深刻改变。

链上数据全网可验证、可追溯，可用于评估信用，构建可信任关系，净化交易环境。

传统方式下陌生人之间进行信任评估，建立信任关系，更多是通过第三方进行信任传递和信任担保。但这种方式存在着第三方是否可信的问题以及第三方对他所传递和担保的人是否可靠的问题。熟人之间的信任关系更多的是基于多次反复博弈机制建立的历史交往记录，但这种交往记录仅存在于相关人员的印象中，无法向他人进行信任传递。而区块链系统通过链上数据的全网可追溯、可验证，用相关的历史数据证明一个人的信用水平，相较传统方式更加可靠、可信，同时拓展了信任关系传递的适用空间。这种方式既可以科学真实地评估一个人的信用程度，也便于在陌生人之间建立起稳固的信任关系，更可以净化交易环境，在未来开展交易活动时排除不可信的节点。

链上数据可验证，可明确各方的职责权利，减少甚至杜绝推诿扯皮现象。

在传统中心化机构主导的情况下，数据保存在中心化机构，一旦中心化机构与其他机构发生纠纷，中心化机构则存在着篡改、删除或隐藏数据的可能。即使存在第三方机构，第三方机构是否真正权威可信，在某些情况下也是需要进一步验证的。而区块链的链上数据可全网验证，可以有效排除以上问题并杜绝类似情况发生。

链上数据可验证还可用于数据确权，这将为数据作为新的生产要素实现数据要素的可交易提供技术性可能。

在以往的数据中心或数据系统建设中，数据虽然来自所有人，但是却由大部分中心化机构掌控，数据垄断、非法交易、隐私泄露事件层出不穷。

区块链链上数据可验证，是区块链相对互联网实现的重要的维度提升，这一维度提升在很多场景下的广泛应用，将会在社会治理领域和生产关系层面产生重大变革，由此才可以说，区块链是一场伟大的革命。

3. 区块链应用的演进方向

在明确区块链相较于互联网带来的重要的维度跃升以及区块链诸多特征之间的关系之后，我们才可能对目前庞杂的区块链系统进行深入剖析，提取区块链的核心要素，同时根据不同的业务场景，适配其他可能的技术工具和技术手段，实现远比互联网丰富和完善的功能。这是区块链系统相对互联网的升维过程。这一过程将对传统的中心化的互联网产生降维打击的效果。

前面提到过，区块链系统是一种低效、资源消耗大的系统。但这种低效和资源消耗却换来了区块链链上数据的真伪全网各节点可以独立验证这一根本性的维度跃升。虽然一大批区块链公司使用各种方式，试图通过技术手段解决区块链系统低效和资源消耗问题，但总体来说收效甚微。笔者认为，区块链自身的系统结构和核心特征已经决定了区块链系统的运行效率和资源利用程度，单纯通过技术手段难以从根本上提升它的效率和改善资源利用情况。

企业家或区块链从业者目前最主要的工作是将区块链核心的升维元素与更多业务场景结合，通过解构区块链系统的技术结构，保留区块链的核心内容要素（即链上数据全网可验证），再与其他技术进行结构化处理和封装，以满足更多业务场景的需求，让区块链应用落地，从而发挥区块链的价值。

通过区块链这几年的发展，我们已经看到，一旦区块链核心要素与其他技术结合，将对区块链的发展产生巨大的影响。例如比特币系统的核心要素与智能合约结合产生了区块链 2.0 系统，也就是以太坊系统，从而带来了区块链对金融系统业务流程的全面改写和更多应用落地。将数据全网可验证转变为数据局部范围可验证，同时多个局部范围的网络系统并行，这是目前正在演进的分片技术和二层网络。这将为区块链系统性能带来极大提升。

因此，区块链应用的未来演进方向，一定是紧紧抓住区块链的核心元素以及构成这个核心元素的系统结构，再根据业务场景需要，与不同的技术相结合并结构化封装。这些技术包括物联网、大数据、人工智能、5G、云计算、边缘计算等，也包括一些目前尚未想到或实现的技术工具和手段，这样才能充分释放区块链系统的巨大能量，充分体现区块链系统链上数据的真实性可由全网各个节点单独验证这一核心要素的升维价值。

3.1.3 区块链面临巨大的时代机遇

对区块链从业者或创业者来说，目前有几个因素会长期影响甚至决定区块链行业的未来发展。

1. 当前利好区块链行业发展的三大机遇

（1）疫情带来的外部性发展机遇

第一个因素就是从 2020 年年初开始的新冠肺炎疫情。就目前来看，这次疫情不是一个短期事件，很有可能成为一个长期事件。如果疫情是一个短期事件，最多一个季度就过去了，那也会对区块链行业发展带来一定程度的影响，但影响不会那么深远。但如果疫情成为一个长期事件，那么不但很多线下活动将转移到线上，而且会逼迫人们创造出很多原来不曾有过的线上交易交往模式。

为什么说这些变化会给区块链带来深远影响呢？在前面内容中我们分析了什么是区块链带来的核心改变。原本很多业务的开展需要人与人直接会面，这种会面相比单一的线上交流会减少很多欺骗欺诈行为的发生，例如银行系统发放信用卡、贷款等活动都需要面签。但是单纯的线上沟通交流，尤其是陌生人之间的沟通交流，就需要对人、物、数据进行可靠、可信方面的认可与认证。如果需要认可、认证的数据量和工作量都比较小，还可以通过可信第三方等权威机构进行。但如果大量的数据全部需要认可、认证并且在短时间内涌现出来，仅靠权威第三方机构就不太现实了。况且，这种情况下权威第三方机构也不可能在线下开展认可、认证，这时需要更多依靠分布式全网节点相互认可、认证。这是目前疫情给区块链带来的可以看到的发展机遇。

（2）新基建带来的政策性红利

第二个因素就是新基建。2020 年国家发展改革委首次明确“新基建”3 个方面的内容，即信息基础设施、融合基础设施和创新基础设施，同时将加强顶层设计、优化政策环境、抓好项目建设和做好统筹协调 4 个方面。区块链与人工智能、云计算一同作为新技术基础设施的组成部分，隶属信息基础设施范畴。

新基建可以认为是国家为了应对此次疫情出台的产业政策，但笔者认为这更是国家在信息化、数字化、智能化的全球新一轮技术大背景下在基础设施领域的长远工程。这项工程将给区块链行业带来大量的项目建设需求和投资，有可能一改区块链行业的持续低迷状态。

为推进区块链技术应用和产业发展，2021年6月，工业和信息化部和中央网络安全和信息化委员会联合发布《关于加快推动区块链技术应用和产业发展的指导意见》。该意见要求，到2025年，“区块链产业综合实力达到世界先进水平，产业初具规模。区块链应用渗透到经济社会多个领域，在产品溯源、数据流通、供应链管理等领域培育一批知名产品，形成场景化示范应用”。同时要求，到2030年，“区块链产业综合实力持续提升，产业规模进一步壮大。区块链与互联网、大数据、人工智能等新一代信息技术深度融合，在各领域实现普遍应用，培育形成若干具有国际领先水平的企业和产业集群，产业生态体系趋于完善。区块链成为建设制造强国和网络强国，发展数字经济，实现国家治理体系和治理能力现代化的重要支撑”。

这无疑给区块链的技术应用和产业发展打了一剂强心针。

（3）要素市场改革带来的制度性红利

第三个因素就是深化要素市场改革文件的印发。2020年4月9日，中共中央、国务院公布《关于构建更加完善的要素市场化配置体制机制的意见》。以我们的认知来看，这是一份系统而完整地阐述要素市场改革思路的纲领性文件，无论是对区块链行业发展还是对整个经济社会发展的影响，强调其深远意义都不为过。疫情是外部环境的突然改变而引发的倒逼式改革；新基建则是主动应对疫情变化和全球技术变革而开展的长期工程。这两个因素从两个方向分别推动和牵引区块链行业的发展。对区块链来说，要素市场改革更多是需求侧的牵引力量，这一牵引有可能带来长达数十年的制度红利，甚至有可能将区块链行业直接变为区块链产业。

2. 要素市场改革的意义

与商品市场和服务市场相比，我国的要素市场发育极不充分，存在着市场决定的要素配置范围有限、要素流动存在体制机制障碍、要素价格传导机制不畅等问题，这影响了由市场配置资源的决定性作用的发挥。

《关于构建更加完善的要素市场化配置体制机制的意见》将破除阻碍要素自由流动的体制机制障碍，让劳动力、技术、土地、资本、数据等生产要素充分自由流动。该文件是提高要素配置效率和发展质量的重要措施。随着该文件的出台，各类要素市场存在的突出矛盾和薄弱环节将会得到极大改善。

要素市场处于整个供应链的上游。要素市场改革将带来更多的商品市场和服务市场以及市场交易空间的拓展，从而进一步优化产业结构。

生产要素是社会再生产过程运转的基本条件。没有生产要素，就不可能有社会再生产；只有生产要素而没有使其充分流动，生产要素就不可能发挥出其应有的真正价值。

由生产要素的定义和基本属性我们可以知道，要素市场比一般的商品市场和服务市场更加重要。没有要素市场，就不可能有商品市场和服务市场。要素市场发展不充分，商品市场和服务市场能提供的商品和服务无论是种类、数量还是质量，也都会受到极大制约。

截至目前我国的商品市场和服务市场已全面放开，但要素市场仍处于半放开状态，很多生产要素在交易和流通过程中存在各种障碍。放开和流通的全要素市场将有可能带来极大的生产能力的爆发和释放，我们如何想象都不过分。

3. 要素市场的建立和培育更需要区块链加持

市场是一种很昂贵的公共产品，它不会自发地产生。

市场的基本动作是交易。任何商品或服务进入交易环节，首先需要明确商品或服务的所有者是谁，也就是确权。充分发展的市场，必须有充分的商品或服务提供者，同时还要有充分的商品或服务购买者，这样才能够形成市场竞争机制，实现市场价格发现功能，进而通过市场价格配置各种资源。市场的运行同时还需要有一系列配套的法律制度规范市场交易的运转。

传统社会中，生产力和科学技术不发达，市场交易的范围、参与人数与现在相比相差悬殊，因而即使传统社会有市场，也不可能产生真正的市场经济。只有生产力得到进一步发展，科学技术水平得到进一步提升，交通、地域等因素不再成为交易活动主要制约手段的时候，市场的交易范围才能进一步扩大，市场交易参与人数才能够进一步扩展，也才有可能由原来单纯的商品市场进一步扩展到服务市场，再进一步扩展到目前的生产要素市场。

在商品市场的单一环境下，尽管已经有了互联网，实现了电子商务，但由于无法做到商品相关信息的数据溯源，也无法保证网上商品和服务的真实性。因此电子商务网站上曾经假货横行。近几年由于法律制度环境的改善，生产能力和科技水平的进步，尤其是知名的电子商务网站采用区块链技术之后，电子商务网站上的假货明显减少了。但在没有采用区块链的地方，比如农村等边远地区的市场，仍然存在大量假冒伪劣产品。

要素市场作为整个社会生产的一级市场，对交易内容的确权、流转、交易秩序都有更高的要求。过去商品流通和服务领域发生的很多问题，其实根源都是要素市场发展不充分，要素市场的很多机制没有建立起来。这既有一般意义上的由于法律法规对要素交易流转的制约，同时也有由于技术手段落后而导致的无法保证要素市场交易内容的真实性。

如果在要素市场的建设和培育方面，我们不能确保进入市场交易的生产要素的真实权属，无法准确真实完整记录生产要素的流转和交易并通过法律法规或者法律法规认可的代码的规制，完全意义上的要素市场就不可能真正健康地建立起来。如果作为社会生产的一级市场的要素市场运行出现问题，下游的商品市场和服务市场的运行质量也就可想而知。更进一步，由市场配置资源，尤其是由市场配置生产要素资源的目标又将如何实现呢?

随着全社会信息化建设的进一步发展和信息化建设水平的进一步提升，我们已经可以将要素确权、流转和交易的各种信息以数字化的方式记录并保存。这也正是区块链可以发挥用武之地的前提。如果没有信息化，即使在那个时候已经有了区块链，也不可能发挥作用。

只有全社会的信息化建设已经达到高度充分和完善的阶段，要素市场的建设和完善才有可能得到区块链的加持。

4. 企业家或创业者应抓住当前重大历史机遇

前面提到的几个因素，疫情、新基建和要素市场改革，对区块链行业来说，都是行业发展的契机。可以说，区块链应用的巨大市场已经开启。那么，企业家或创业者应该如何抓住这个巨大的机遇、抢占市场先机呢?

（1）搞清楚区块链到底是什么

自区块链概念产生以来，区块链行业的发展道路并不平坦，先是被各种虚拟货币所困扰，接着又陷入各种炒币挖矿传销传闻。目前我国已经“把区块链作为核心技术自主创新重要突破口，加快推动区块链技术和产业创新发展”，这既标志着区块链在我国上升为国家战略，也标志着区块链的应用在我国驶入正轨。因此，所有人需要彻底校正对区块链的认知，回到区块链对社会生产生活本原的意义上，真正理解区块链的核心价值。熟知非真知。只有真的弄懂了什么是区块链，区块链核心的优势在哪里，区块链与不同的技术融合能够产生哪些更加丰富而独特的优势，这些优势对人类生产生活又将带来哪些良性的改变，我们才有可能发挥区块链的核心价值，让区块链发挥更大的作用。

（2）创造性地抢抓疫情和新基建带来的区块链发展机遇

无论是疫情带来的巨大的外生性机遇，还是新基建带来的巨大的政策性红利，我们都需要深入思考如何满足目前市场的需要，更要思考如何创造创新以满足市场未来的新需求。尽管疫情和新基建带来的区块链发展空间巨大，但是，如果不着眼未来，不创造性地构想客户的未来新需求，还停留在用原始的区块链概念和通用的区块链技术去填补市场，我们将面临更为激烈的竞争。即使参与者在竞争中能够取得一些优势，但是这种优势势必不会长远、不可持续。新的更大的市场空间，一定是建立在基于目前技术和业务对未来新的市场机遇的探索上。

（3）着眼要素市场改革释放的巨量市场空间，积极开拓新的市场空间

要素市场改革将带来几十年的制度红利，但每一项制度的落实，每一个要素市场的培育和完善，每一个交易环节业务流程的确认和优化，都需要所有人共同努力。区块链不仅在技术手段上能够为要素市场的建设提供坚实的基础，而且能进一步为市场配套的法律法规、制度规范提供可验证的数据基础。例如土地市场和资本市场在要素交易过程中既面临交易内容中确权的需要，也面临交易流转中数据保真的需要。同时，新的生产要素的确权和流转将面临更多新的问题，而这些新问题的解决同样离不开区块链。例如首次被明确成为生产要素的数据，尽管通过区块链可以完成数据确权，但通过技术手段如何进一步保证流转之后的数据的所有权、使用权和可再次转让权？这里的每一个细化权利如何确认，确认之后又如何与具体的产业或行业发展相结合，都是摆在学术界、产业界面前的重大问题。每一个问题的探索和答案揭示，都有可能撬动万亿级市场。此外，要素市场改革还必须实现要素交易的确认和可追溯，这也正是区块链大有可为的地方。但任何人既不可能占领全部的要素市场改革机遇，又不可能深入到每一个交易环节。因此，深挖新的市场机遇，积极开拓新的市场空间，做好市场布局，从每个细节做起，必定能够在接下来的时间里占据市场先机。

（4）抓住由生产要素向商品和服务转化过程中的区块链机遇

对于一般的企业家或创业者，如果上面提到的要素市场建设、培育中的要素确权和交易数据确认的市场机遇面临大机构挤压，或者面临技术难度，那么由生产要素向

商品或服务转化过程产生的巨大的市场机遇，应该是每个企业家或创业者都可以抓得住的。这就要求企业家或创业者深入商品和服务的具体生产流程和环节，在深刻理解区块链的基础上，在每一个流程和环节上创造性地匹配区块链应用，在从要素市场到商品市场和服务市场这个由抽象到具体、从上游到下游的广阔的业务场景中开拓自己的新的市场空间。

尽管我们已经开始进入信息化、数字化时代，但是很多事情的做法是违背信息化、数字化的时代准则的。这种现象的产生，既是信息化、数字化发展不充分以及信息化和数字化工具使用不当的结果，也是由管理思想落后及对信息化、数字化的作用认识不到位造成的。

信息化、数字化的发展，应该方便人们的学习、工作、生活，也方便对最终效果的检查评估，当然包括对过程的监管。信息化、数字化的发展不应该为信息化、数字化工具使用者带来额外的负担。

目前在很多领域和业务环节中信息化、数字化工具为人们带来了额外的负担，主要原因是从事信息化、数字化的专业人员对信息化、数字化相关工具的功能挖掘不够深入，场景匹配性认知不完整。在信息化、数字化相关工具不匹配、认知不到位的情况下，很多对信息化、数字化了解不深或不精通的领导者及非信息化、数字化领域人士，只能把金箍棒当成烧火棍。

这种不成熟、不配套是信息化、数字化发展过程当中必然经历的一个阶段。在这一过程中问题的发现、解决和对相关内容的完善，将推动信息化、数字化向更多领域渗透，进而给人们的学习、生产、生活带来更多便利。这一过程实际上也是数字化转型的深入过程。

3.2 区块链推动数字化转型向深层次发展

随着大数据、云计算、物联网、5G、人工智能等技术逐渐成熟，这些技术叠加和组合而带来的新一波技术创新大变革即将到来。这一波大变革完全具备推动新一轮康波[1]的可能。这一轮新的康波极有可能就是数字化转型，而数字化转型也最有可能成为目前最大的经济红利。

3.2.1 为什么要利用区块链做去中心化改造

业务流程的改造必须基于内外部条件的根本性变化。改造得以实现的基础，一定是内外部的某些条件发生了根本性变化，因此，内部的组织结构和组织形态也需要做出相应的调整。如果没有外部条件的根本性变化，就贸然调整和改造现有的组织管理结构，即使这种调整和改造暂时成功，不久的将来还是会恢复到原来的系统状态的。

因此，研究如何去中心化，首先研究清楚原来的中心是怎么来的，在哪些条件和环境变化后，哪些中心化机构和组织会失去其存在的支撑性力量，以及在什么时间和哪些环节，通过哪些力量动员和技术工具的使用，可以去掉哪些中心，以及去掉这些中心之后的组织形态是否与该系统外部和内部环境条件相匹配。

数字技术的发展为去中心化改造提供了外部环境和条件。信息通信技术的发展和应用，使得原来在信息不发达、不对称基础上依靠指令驱动的业务组织方式已经在某种程度上实现了基于数据和通信能力驱动的去中心化的业务组织方式。随着信息通信技术的进一步发展和运用，依靠通信能力保障实现的数据驱动和效率驱动的去中心化业务组织方式也将越来越普遍。而与这种外部技术条件变化所匹配的更加灵活的业务单元的自组织耦合与解耦也将越来越普遍。以数据驱动的业务单元的自组织能力将越来越强，效率越来越高，业务组织管理的去中心化程度也将越来越高。

系统的去中心化改造需要放置于数字化转型的背景下。在数字经济、数字化治理等多种数字化场景下，每个业务主体或业务单元所能、所应调动和协调的资源，较以往历史上同类型、同级别组织所能调动和协调的资源要多得多。为保障正确使用这种能力，需要投入相较原来更多的技术和组织资源，以确保信息的准确和在无中心、多中心以及弱中心情况下的数据、信息、身份可验证。因此，传统的强中心化机构要不要利用区块链做去中心化改造，绝不是一个仅仅着眼于当前的组织机构建设或系统业

---

① 经济周期性最早的发现者经济学家康德拉季耶夫在分析了英、法、美、德以及世界经济的大量统计数据后，发现发达商品经济中存在一个 50 ~ 60 年的长周期。由于是康德拉季耶夫发现的这个周期，它也被称为“康波”。

务流程改造的静态问题，更需要放在数字迁移、数字孪生和数字化转型的时代大背景下去思考。

3.2.2 业务流程优化是数字化转型深层次的变革

数字经济涉及不同的发展阶段，既包括数字化迁移，也包括通过数字化迁移达到数字孪生，最后实现数字化转型。所谓数字化迁移是指通过传感器等各种技术手段，将物理世界、精神世界的内容数字化后形成的数字世界。数字孪生是指数字世界能够对物理世界和精神世界进行准确描述刻画和表达。而数字化转型则是指以数字世界的逻辑改造物理世界和精神世界，也包括以数字世界的逻辑改造已经形成的数字世界。数字孪生是与物理世界平行的另外一个世界。当然，限于抽样精度，我们不可能将物理世界完全转换为数字世界，数字世界也会有一些物理世界所不具备的特有内容。数字化迁移是过程，它开启了数字世界的诞生；数字孪生是状态描述；数字化转型则是建立在数字孪生基础上迈向智能化的进程。

中国信息通信研究院于 2017 年发布的《中国数字经济发展白皮书》从生产力角度提出了数字经济两化框架，即数字产业化和产业数字化。2019 年发布的《中国数字经济发展与就业白皮书》又从生产力和生产关系的角度提出了"数字经济"三化框架，即数字产业化、产业数字化和数字化治理。2020 年发布的《中国数字经济发展白皮书》进一步将数字经济修正为四化，即数据价值化、数字产业化、产业数字化和数字化治理。

笔者认为，将数字经济无论是划分为两化还是四化，其划分的框架和依据都有待商榷。数据价值化是数据本身的属性，是建设和实现数字经济的基础。数字化治理从大类上隶属于广义的产业数字化，只不过这里的产业变成了治理。而两化框架将数字经济划分为数字产业化和产业数字化，这一分类又过于粗糙，国内很多学者对此也提出了自己的不同意见。

从两化框架来看，数字产业化是实现数字化迁移，达到数字孪生，最后实现数字化转型的技术驱动力量。数字产业化在未来整个数字经济中的比重是极小的，并不足以表征整个数字经济。而产业数字化几乎可以表征所有的经济数字化过程，因为产业数字化实际上就包括了产业本身的数字化迁移、数字孪生和数字化转型，转型之后的经济才有可能成为以数据为主要驱动要素的经济。从数字化转型结束到实现数字经济还有相当远的距离，只有当数据成为经济发展主要驱动要素的时候才可以称实现了数字经济。

当前，数字化迁移和数字化转型已经在消费互联网领域广泛展开，在产业互联网领域则刚刚兴起。在实现物理世界到数字世界的数字化迁移之后，消费互联网领域的数字化转型主要是通过大范围连接，降低交易成本得以实现的。消费互联网领域的数字化转型不仅仅局限于消费领域，其更本质性的意义体现在交易环节，通过大范围连接和智能匹配降低交易成本。之所以消费互联网会先于产业互联网发展，更多的是因为交易环节的行为更易标准化，也方便表达和刻画。而产业互联网在实现数字化迁移之后，其数字化转型更多表现为业务流程优化和生产关系重构，其本质意义体现在生产制造环节，大部分行为是非标准化行为，很多环节也具有独特性。而且产业互联网的产生和推进不可能靠单一的互联网技术，必然要融合多种技术才能同步推进，因此必然会晚于消费互联网。这是产业互联网与消费互联网在数字化转型领域本质的区别。

随着物联网的普及、数据量的积累、机器学习能力的深入，通过数据刻画生产制造的粒度必然会越来越精细，控制生产制造的程度会越来越深入，由此会带来业务生产流程从微观到宏观层面的重构和重塑，在此基础上必然带来生产效率的极大提高和工业增加值的大幅跃升。

创建互联网的本意是通过互联网实现更加平等的数字世界，但互联网发展的结果却颠覆了人们美好的初衷。传统的人际网络关系服从六度分隔[①]理论，而互联网实现了更短距离的三度分隔，网络站点被链接和访问的次数不是更加平均、平等，而是服从不平均、不平等的幂律分布[②]。

区块链通过技术手段强制实现节点的平等。对于区块链我们一般更加关注其中的链，即依赖时间形成的一串难以篡改和不可伪造的数据流。如果跳出具体的链，从更高层次审视区块链,我们就会看到,区块链系统中的所有节点构成了一个强一致性网络，在这个网络中，所有节点的地位、作用完全一致。

---

① 1967年,哈佛大学的心理学教授Stanley Milgram(1933—1984)做过一次连锁信实验,结果发现了“六度分隔”现象。该现象简单来说就是“你和任何一个陌生人之间所间隔的人不会超过6个，也就是说，最多通过6个人你就能够认识任何一个陌生人”。

② 幂律分布表现为一条斜率为幂指数的负数的直线，统计物理学家习惯于把服从幂律分布的现象称为无标度现象，即系统中个体的尺度相差悬殊，缺乏一个优选的规模。

数字化迁移会将物理世界中越来越多的节点吸引到数字世界中以产生新的节点，但这些新节点与数字世界已有的其他节点一般意义上仍是弱连带[①]关系，而且很难形成强连带关系。因此，数字化迁移的进程可以是异步推进的。

由于相互之间具有强连接业务关联，业务和网络中的关键节点、关键设施和关键数据仍会形成一个一定范围内的强一致性网络，即区块链网络。

人与人之间业务关系的优化和调整，一定是在具有强业务关联的人之间进行的。不具有业务关联或具有弱业务关联的人之间，除了使业务关系更加密切，难以有业务关系调整的空间和可能。因此，业务关系优化也一定是从强一致性网络开始，逐渐过渡或扩展到弱一致性网络。所以，区块链带来的业务关系优化是数字化转移中深层次的变革，数字化转型也一定是异步推进的，即从强一致性网络向弱一致性网络和一般网络过渡和扩展。

如果试图以强一致性网络覆盖所有网络，实现所有网络的区块链化，这就忽略了经济学的一个基本概念——成本。任何事情都有成本。试图将所有网络建设成强一致性网络，无论是经济上还是现实条件上，既不现实，更不可能。

3.2.3 涌现现象和智能制造的数字化转型

区块链带来了极其丰富的涌现[②]现象。这种涌现至少可以分为两个层次，第一个层次是技术层面的涌现，也就是由不同的技术经过区块链这种特殊组合产生了以前单一技术从来没有过的特点、特性和功能，这一点认识到的人比较多，认识也相对到位；第二个层次是区块链与不同行业、产业相结合产生的更加丰富的涌现现象，这一过程正在发生或即将发生，能够清楚完整认识这一过程的人还不多。此外，区块链技术体系本身也面临着更多的涌现的可能。

① 斯坦福大学教授Granovetter在1973年提出了弱连带优势理论。连带关系包括弱连带关系和强连带关系。强连带关系是指同一团体内个体彼此间由于同属于一个团体且互动频繁，信息的流通十分迅速，但可能会因重复的信息传递而产生浪费。而弱连带中的连带关系便显得较为疏远且互动性不强。

② 涌现是一种从低层次到高层次的过渡，是在微观主体进化的基础上，宏观系统在性能和机构上的突变，在这一过程中旧质可以产生新质。涌现现象是以相互作用为中心的，它比单个行为的简单累加复杂得多。一旦把系统整体分解成为它的组成部分，这些特性将不复存在。

1. 第四次工业革命和智能制造

制造是人类生存、进化、生产和生活中的一个永恒主题，是人类建立物质文明和精神文明的基础。迄今为止，制造业已先后经历了机械化、电气化和信息化三个发展阶段，现在正处于第四个发展阶段，即由信息化到智能化的过渡和发展。

前三次工业革命解决的都是可见的问题。但可见问题大部分都是由不可见问题积累到一定程度后才表现和爆发出来的。不可见问题主要表现为设备性能下降、健康衰退、零部件磨损、运行风险升高等，难以通过测量被定量化，是不可控的风险。

从工业 3.0 到工业 4.0，制造业发展面临新的转变，将从相对单一的制造场景转变为多种混合型制造场景，从基于经验的决策转变为基于证据的决策，从解决可见问题转变为避免不可见问题，从基于控制的机器学习转变为基于丰富数据的深度学习。

为了适应上述转变，制造技术也将呈现出新的技术特征。一是基于先验知识和历史数据的传统优化将发展为基于数据分析、人工智能、深度学习的具有预测和适应未知场景能力的智能优化；二是面向设备、过程控制的局部或内部的闭环将扩展为基于泛在感知、物联网、工业互联网、云计算的大制造闭环；三是大制造闭环系统中的数据处理不仅是结构化数据，而且包括大量非结构化数据，例如图像、自然语言，甚至社交媒体中的信息等；四是基于设定数据的虚拟仿真、按给定指令计划进行的物理生产过程，将转为以不同层级的数字孪生、数字物理生产系统的形式将虚拟仿真和物理生产过程深度融合，从而形成虚实交互融合、数据信息共享、实时优化决策、精准控制执行的生产系统和生产过程。

新一轮科技革命和产业变革与我国加快转变经济发展方式形成了历史性交汇，智能制造是主要的交汇点。新一代人工智能技术与先进制造技术深度融合而形成的新一代智能制造技术成为新一轮工业革命的核心技术。

智能制造是先进制造技术与新一代信息技术、新一代人工智能等新技术深度融合形成的新型生产方式和制造技术，贯穿于产品、制造、服务全生命周期的整个环节以及相应系统的优化集成过程，实现制造的数字化、网络化、智能化，不断提高企业产品质量、效益和制造的水平。

智能制造并不仅仅是一个技术体系或文化，更重要的是背后对智能的理解、解决问题的逻辑和重新定义制造的思维。智能制造是要以低成本生产出高质量产品，对现有制造全流程进行改善，实现零浪费、零停机、零事故、零废品，能够以用户所需能力和服务为导向来生产产品，在无忧的生产环境下以低成本快速实现用户的定制化需求。

2. 数字化转型背景下的智能制造

在制造业数字化转型的过程中，大数据将成为智能制造的核心，而安全性将成为企业智能化升级决策的重要依据。制造业在工业设计、生产、销售、服务等环节都会产生大量的数据，大数据将贯穿制造业应用的所有环节。打造大数据的价值链，必须覆盖制造业的所有环节并涵盖上下游的各种关系。

推动智能制造的并不是大数据本身，而是大数据分析技术，除了利用数据了解和解决可见的问题，还须利用数据分析和预测不可见的问题——从仅仅明白问题的解决方案到进一步理解问题产生的原因，避免可见的问题；从数据中挖掘新的知识，利用知识重新定义问题，在制造系统中避免可见或不可见的问题。

数据作为生产要素的作用首先在于实现数字化转型，因此要把企业内外部的一切相关业务数字化。通过业务场景的数字化和网络化，系统掌控数字世界的一切并随时把指令下发给物理设备，进而达到智能化的效果。

数字化当然是为了实现智能化。数字化是一个过程性描述，也是一个状态性描述，但目前来看更多的是一个过程性描述，是一个万事万物从非数字表达的状态到数字表达的状态的“化”的过程。

有些事务的智能化状态可以预测和想象，其实现路径也可以预测。但更多事务的智能化状态我们无从预测和想象，其实现路径更无从预测。这时的数字化就不再单纯是目标导向的，而应该是演化和衍生的，即在数字化的过程中摸索如何实现智能化，实现哪些内容的智能化，以哪些方法手段实现智能化。

在当前阶段，针对绝大多数事务或系统的智能化路径和阶段性目标，我们并没有十分清晰的认知。因此，这个阶段的数字化，说是为了数字化而数字化也不为错。但数字化的过程会自然而然地演化和衍生出无数种可能的智能化的阶段性目标和路径。数字化每前进一步，智能化的目标和路径就有可能会更清晰一些，当然也有可能会更加模糊，因为新的数字化内容进一步拓展了智能化的空间和可能性。

当然，这个阶段也可能会出现反复和错误，但这也是阶段性试错不可避免的代价。这应该是先验和经验结合的一个过程，是人类认知和机器认知结合更加紧密的一个过程，也是人类认识不断深化的一个过程。

3.2.4 数字化转型可能在智能制造领域率先实现

我们回到数字经济问题。那么，到底什么是数字经济呢？2016 年 G20 杭州峰会《G20 数字经济发展与合作倡议》给出了数字经济的定义：“以使用数字化的知识和信息作为关键生产要素，以现代信息网络作为重要载体，以信息通信技术的有效使用作为效率提升和经济结构优化的重要推动力的一系列经济活动。”

这个定义中的重点是“数字化的知识和信息”，也就是数据。因为数据既具有一般商品所包含的交换价值和使用价值，又具有一般商品所不具备的可共享性、非消耗性、边际成本为零[①]等特性。由此，数据确权问题无法与传统权利属性和概念完全对应，但数据确权又是必需的。只有对数据合理确权，才能为数字经济的健康发展提供前提和基础。

数据确权为什么难？难点在于数据背后的很多学理、法理上的问题到目前仍然没有得到解决。例如，数据确权确的到底是什么权？是所有权、使用权，还是收益权？

即使是看起来非常明确的数据所有权，答案也并不是那么清晰明了。我们可以把一些数据归结为某个主体所有，但是，如果主体 A 仅仅是一种物理状态存在而没有以数据形态呈现，而主体 B 通过某种技术手段从主体 A 解析出了大量的数据，那么这个数据应该由谁所有？如果为主体 A 所有，那么主体 B 为什么要做这件事情？主体 B 在数据的产生和生成过程中付出了相应的劳动，做出了相应的贡献，对数据产生和生成的付出和贡献不应该被抹杀。此外，还有很多存在是没有主体的，例如城市的地理状态、天气情况……这些数据又该归属于谁呢？

数据的使用权同样存在很多没有得到很好解决的问题。对数据的使用既是一种权利，也是一种能力。如果拥有数据使用权的一方没有使用数据的能力但仍然固守这种使用权，不将该权利赋予对数据有使用能力的其他方，那么这无论对个体还是整体都将带来极大的效率损失。这也不应该是数据作为生产要素的本来含义。

我们再看收益权。数据产生的收益理应按数据从本源、产生、获取、存储、分析

① 参见高富平的《中国数据法律法规及数据权属的现状与问题》，出自《数据要素领导干部读本》。

到应用等各个环节进行分配，但如何进行分配呢？针对不同环节在数据价值产生中的贡献，目前缺少很好的测量工具和测量手段。此外，是不是所有数据都在数据价值产生过程中扮演了相同的角色，产生相同的价值？或者数据产生的价值是否跟每一个数据单元或数据处理环节的贡献呈线性相关？在经济学中，产品或服务价格的确定是极其困难的事情。大宗商品的价格是交易出来的，而不是确定出来的。一般商品和服务价格的确定在理论上就更麻烦了。但是，数据又呈现出不同于一般商品和服务的特殊性。小数据或单一数据可以说没有任何价值或没有太大的价值，这些数据只有汇集成大数据才会产生价值，但也存在大量小数据或单一数据汇总成大数据之后仍然没有任何价值的可能性。这里面存在着巨大的不确定性。

因此，关于数据的问题错综复杂，彻底解决数据作为生产要素的问题，这条道路漫长而遥远。

但制造领域的数据所有权相对容易确定。设备是谁的，一般意义上数据就是谁的。即使设备是从外部业务主体租或借的，制造领域的数据所有权和收益权也是相对容易协商的，因为其收益相对容易测算。同时，制造领域的数据使用权也比较容易界定。相对消费互联网来说，制造领域的数据使用范围有限，其应用领域是收敛的，而不是发散的。因此，在这些方面，制造领域的数字化转型在法律和学术方面都要较消费互联网简洁明了。

区块链在智能制造领域可能起到的作用有两方面。第一个方面在于实现纯制造环节之外不同业务主体的可靠连接，包括业务流程上下游之间的物流供给配送、资金划转和清算，也包括通过工业互联网实现的不同业务主体之间的数据可靠共享，以降低交易成本；第二个方面在于实现制造领域内部的不同业务流程的连接，通过数据的可靠共享，实现内部流程的优化。

3.3 分布式存储是数字化转型的关键基础设施

随着物联网器件的广泛部署以及人们数字化生活的快速拓展，人们采集和产生的数据已经呈指数级增长，进而带来了极大的存储市场需求。

3.3.1 数据存储方式

分布式存储以低价格、高可靠性、高可信性等因素成为继本地存储、中心化存储之后的主要存储方式之一。目前主要的分布式存储包括云存储、边缘存储和基于区块链技术的分布式存储等。

云存储是云计算系统架构的一个重要组成部分。它是一种网络在线存储模式，其核心技术之一是存储虚拟化。在云存储中，数据分散存储于多个存储设备，存储虚拟化技术统一分配管理存储设备，屏蔽了存储设备间的异构特性，实现了存储资源对用户的透明性，降低了构建、管理和维护存储资源的成本，从而提升云存储的资源利用率。云存储实现了存储资源管理的自动化和智能化，所有的存储资源被整合在一起，用户看到的是单一存储空间。云存储能够实现规模效应和弹性扩展，降低运营成本，避免资源浪费。

我们更多的时候把云存储当作中心化存储，实际上，如果我们深入云存储内部就会发现，云存储也是分布式的，只不过云存储是分布式协同存储。云存储的存储层将不同类型的存储设备连接起来，实现海量数据的统一管理，同时实现对存储设备的集中管理、状态监控以及容量的动态扩展，其实质是一种面向服务的分布式存储系统。

传统云计算采用集中式管理，该模式需要数据跨越地理位置限制，具有极大的数据传输延迟和网络波动可能性，难以满足边缘应用的实时性需求。边缘存储将数据分散存储在邻近的边缘存储设备或数据中心，大幅缩短了数据产生、计算、存储之间的物理距离，为边缘计算提供高速低延迟的数据访问性能。

区块链的存储方式体现为由时间戳和哈希函数连接而构成的区块链条，但从节点的位置来看，区块链采用的 P2P（Peer-to-Peer，个人对个人）传播方式带来的数据在全网范围内的最大程度冗余和完全一致性，使得所有节点构成了一个强连带无差别的一致性网络。区块链技术使数据从被集中化运营管理走向了分布式自运营。

区块链与存储技术的融合主要有三个方向，一是基于区块链构建的去中心化存储系统，具有代表性的基于区块链的去中心化存储系统包括结合 IPFS 与区块链技术的 Filecoin 以及开源项目 Sia、Storj、SAFE Network 等；二是基于区块链优化已有系统的存储性能，针对中心化架构系统面临的单点故障、数据安全性低、隐私保护能力不足等问题，将区块链技术应用于域名系统、物联网系统、超级计算系统、数据库系统，为系统设计去中心化的架构，利用分布式账本提高数据安全性与数据溯源能力；三是针对区块链的存储空间利用率低、查询性能低等问题进行优化，例如采用纠删码降低区块链的存储空间开销，使用索引等技术提高区块链系统的查询效率。

基于区块链技术的分布式存储具有明显优势。首先，分布式存储的价格会更低，例如服务商的存储服务每个月仅需 0.01 美元 /GB。其次，分布式存储更安全，数据私钥由用户保管，第三方无权访问，区块链技术的难以篡改性大大提升了分布式存储数据的可信性。用户发送到基于区块链技术的分布式存储服务器的数据会被拆分成多个部分，然后发送到不同的服务器或节点，尽可能降低外部攻击而造成数据泄露的可能性。

3.3.2 分布式存储的现状

分布式存储系统采用可扩展的架构，不仅能提高存储的效率和数据的安全性，而且可以进行性能和容量的横向扩展，解决大规模、高并发场景下的存储访问问题。

云存储等分布式存储已经在各行各业得到充分应用。边缘存储由于技术方面的制约和价格方面的因素，应用尚不广泛。基于区块链技术实现的分布式存储尚处于探索和起步阶段，随着 5G、物联网和人工智能等技术的快速发展，分布式系统相关的需求将持续增加，分布式存储或将成为多云环境下的首选平台。

之所以分布式存储比集中式存储成本更低，是因为分布式存储可以充分利用个人或机构闲置的存储资源。但在技术上，分布式存储比集中式存储有更高的系统冗余度，以确保系统可实时可用。在设备的管理方面，分布式存储消耗更多的资源用于系统的管理和协调。从这个方面看，分布式存储的成本要高于集中式存储。

3.3.3 分布式存储的未来发展

目前分布式存储更多的是从技术层面实现存储技术优化，而没有从存储内容即数据层面提出更多的存储解决方案。

实际上，不同场景下的数据具有不同的价值，不同类型的数据具有不同的作用，不同作用和价值的数据应该有不同的存储方式，不同的存储方式代表着不同的连接方式和计算方式，而不同的存储方式和连接方式则制约着数字化转型的效率和实现方式。

分布式存储面临的任务是针对不同类型、不同价值数据实现分层分级存储，以满足不同类型、不同价值分层分级数据的高效连接和计算，使得面向未来基于数据分类的分布式存储成为有效推动数字化转型的关键性基础设施。

在面向数字化转型的时代大背景下，分布式存储作为重要基础设施，将拓展现有存储的认知和应用空间，加快推动相关行业的数字化转型进程，构建商业新场景，促使经济社会产生深刻变革。

第4章

区块链从理想到现实

自区块链出现以来，人们一直期望能有重磅的区块链应用大规模落地。但直到目前，我们能够看到的区块链应用大体可分为两类，一类是建立在以太坊上面的公有链应用，如游戏以及 2020 年的 DeFi 和 2021 年的 NFT；另一类是建立在联盟链或私有链基础上的单一场景应用，比如区块链存证、区块链发票等。真正重磅的区块链应用还没有面世。

4.1 区块链至今没有大规模落地的原因

本节就“区块链为什么至今没有重磅应用大规模落地”这个问题，从多个维度深度分析挡在区块链落地路上的障碍。

4.1.1 既不是缺乏区块链应用场景，也不是区块链技术不成熟

为什么寄托所有人厚望的区块链技术至今仍没有重磅应用大规模落地呢？是真的缺少与区块链技术相匹配的应用场景，还是如某些专家所说，区块链技术尚未成熟？

区块链在面世不久就能够引起世界主要国家和政府高度关注，吸引全球各大机构的大笔资金投入，一定是因为区块链能够带来巨大的改变。区块链系统所具有的去中心化、去第三方信任、数据不可篡改和不可伪造、系统集体维护、交易可追溯等特点，可以在很大程度上解决现有信息系统以及当前社会诸多系统存在的问题，现实生活对此也有迫切的需求，我们不能认为现实生活中缺少与区块链相匹配的应用场景。

那么，区块链没有重磅应用大规模落地，是因为区块链技术不成熟吗？很多人士，包括一些技术专家也认为，区块链之所以没有很好地落地应用，在于区块链技术不成熟。那么，区块链技术又是什么呢？如果剖析区块链的系统组成结构，我们就会发现，区块链系统本身并不存在自己独有的技术，构成区块链系统的技术绝大部分都是早已成熟的技术。当然，对应一些特定的应用场景，确实还有一些技术需要进一步发展和完善，比如安全多方计算、零知识证明、隐私保护等。但区块链系统在被发明之时，包括区

块链引起全球主要国家关注、各大机构重金投入之时，这些技术同样也在发展完善中。全球主要国家和各大机构并不是因为安全多方计算、零知识证明及隐私保护等技术才关注区块链，而是因为区块链系统展现的那些关键技术特征。而且也不是所有区块链落地应用都要用到安全多方计算、零知识证明和隐私保护等技术。

4.1.2 区块链系统的局限性

区块链之所以至今没有重磅应用大规模落地，一个重要的原因在于人们对区块链的认知出现了偏差，过多地强调区块链系统能够带来的好处，而很少关注区块链系统本身的局限性。

区块链是一种特殊的分布式系统，这种系统的所有链上数据都需要经过多方认证，同时数据在全网范围内进行一致性分发和冗余存储，通过技术手段和社会治理手段，确保链上数据不可篡改和不可伪造。这是区块链系统不同于以往系统的显著特征。这些特征是区块链系统的优势，同时构成这些特征的技术方式、方法也是区块链系统应用的短板。

受带宽、存储和计算等资源的约束，区块链系统的链上数据一定是关键数据和核心数据，从体量上来说是小数据而不可能是大数据，传统的大型关系型数据库难以在区块链系统上直接部署。我们可以想象一下，如果类似于阿里巴巴或腾讯体量的大型数据中心的数据，每个人都保存一个完整的备份，那将需要多大的存储空间、多快的计算速度以及多宽的带宽才能承载？这还仅仅是阿里巴巴和腾讯，如果再加上人们生产、生活中涉及的其他系统的数据呢？而且人类采集和生产数据的速度还在呈指数级增长，再强大的带宽、存储和计算资源生产能力都难以跟上这种增长速度。

区块链系统的数据全网一致性分发存储、去中心化运营和系统集体维护，必然使得区块链系统在业务处理方面的性能远低于中心化系统。区块链系统需要消耗大量的资源完成不同节点之间的协同，而不可能像中心化系统那样直接按照中心节点制定的规则和流程完成特定功能。即使出现特殊情况，在决策的速度方面，中心化系统也要远快于区块链这种分布式协同系统。

此外，在数据占有和系统维护方面，区块链系统的所有节点具有完全平等地位，基本不存在或很少存在结构和功能设计方面的差异，这也与现实生活中大多数场景的业务逻辑不一致。

因此，区块链系统运行的技术逻辑和呈现的系统特性，只能匹配到复杂产业逻辑中的一部分内容，而不可能匹配全部产业逻辑。试图以区块链系统的独特性去匹配包含各种形态和逻辑的产业场景，必然导致大部分区块链应用难以落地，甚至大部分区块链应用都无法与产业逻辑匹配。

4.1.3 区块链是对传统互联网的补充和完善

要与复杂的产业场景相匹配，发挥区块链系统应有的作用，区块链就必须与其他体系整合，发挥各自所长，规避各自所短。

在业务层面，绝大部分业务系统都不需要实现系统内的全部数据共享。因此，绝大部分数据注定是局部的而不是全局的，数据共享也一定是按照业务逻辑分层次、分领域的。

在技术层面，绝大部分系统也不可能做到在所有节点之间共享全部数据。除非像比特币、以太坊这样的特殊案例，应用场景简单，系统又是极其扁平化的结构，本身数据量较小且与所有人利益相关。即使是比特币、以太坊这样的系统，随着其系统运行时间延续,系统产生的数据量也会越来越大,系统处理交易的速度难以从根本上提高，难以满足越来越多应用层业务发展的需要，因此才有了后续各种基于比特币和以太坊系统架构的区块链系统改造尝试。

正如边缘计算是对云计算的补充和完善一样，区块链也是对以往互联网业务模式的补充、丰富和完善。以往互联网方式下的数据冗余，是从确保系统安全的角度出发，做好数据灾难备份的准备，而区块链方式下的数据冗余，是对数据公开透明、不可篡改和不可伪造的需要，这在以往的互联网业务模式中是没有出现过的。

4.1.4 区块链应用落地的多种方式

区块链作为分布式应用的一种，必须与其他系统架构（包括其他各种分布式架构，甚至是中心化的架构）进行结构性组合，从产业逻辑角度而不是单纯从技术逻辑角度出发，面向真实的业务场景构造信息系统架构，取长补短，匹配产业和业务逻辑。

1. 区块链作为功能组件

区块链业务场景落地应用的第一种方式是，区块链作为一种功能组件，嵌入产业已有的业务逻辑和系统架构中，在局部以区块链的方式实现相应数据和信息的共享，确保数据和信息不可篡改和不可伪造。这是区块链应用最容易落地、也最方便落地的方式。

例如企业或医院的业务管理系统，这类系统本身是一种中心化和层次化的应用系统，班组或科室管理只是该应用系统内部的一个管理单元。但班组或科室内部涉及工作任务分配、绩效考核、奖惩等与所有人利益相关的数据和信息，也有公开、获得班组或科室内部相关人员认可并作为历史存证的需要。这时我们可以在班组或科室这个业务管理单元内部实现相关数据和信息的共享，通过嵌入区块链的功能，保证这些共享的数据和信息经过相关人员或所有人的认可并做到不可篡改和不可伪造。班组或科室以外的其他班组或科室，既没有必要，也没有权利获得这些内部数据。按照逐级负责的科层化管理逻辑，班组或科室的上级机构一般情况下也不需要深入掌握班组或科室的这种内部数据，根据业务管理需要，大多数时候只要求掌握相应数据的汇总结果即可。

企业或医院的业务管理系统还存在另外两类数据和信息共享需求。一类仍然是基于科层化管理，比如企业或医院某个层级以上的领导需要共享某一类数据和信息。这类信息除了自上而下的通知、通报，更有可能涉及各班组或科室之间的业务合作和业务协调，但出于精简管理流程和提高管理效率的考虑，没有必要、也不可能将所有涉及的人员全部纳入这一管理体系。涉及各班组或科室之间的业务合作和协调的数据与信息，尤其是要得到各相关方领导层认可、认证，同时以不可篡改和不可伪造的方式历史性地保存。另一类是基于特定的任务，需要跨越班组或科室，甚至跨越不同层级而形成的特定任务系统，这类系统既有我们常说的组织管理中的条线状组织机构，也可能是针对特定任务临时组建的工作小组。该组织内部存在着大量的组织协同，以及责任、权利、利益不清晰和不匹配的情况，相应数据和信息的保存同样需要通过区块链技术解决。

2. 区块链作为系统基础性架构

区块链业务场景落地应用的第二种方式是，区块链作为整个系统的基础性架构，在系统内的节点间共享相应的数据和信息。这种方式将是区块链在产业或行业层面发挥作用的主要方式。该方式下系统架构内的业务节点根据各自业务定位，在不可篡改和不可伪造的数据共享基础上，通过对原有业务流程的去数据中心和去数据中介，有可能实现整个业务流程的重构和优化。整个系统的区块链基础架构不影响各个业务节点在各自原有的业务范围内进行信息系统建设并开展业务。

例如针对跨境清算系统，可以用区块链实现不同机构间的跨境清算，其清算数据必然要经过相关清算节点的认可、认证，同时以不可篡改和不可伪造的方式由各个清算节点保存。用区块链构造的跨境清算系统不存在传统的清算所，也不存在中央对手方。根据既有规则，清算节点与清算节点在开展业务的同时直接完成跨境清算，既提高系统清算效率，又免去因清算所和中央对手方的存在而不得不支付的系统开销。同时，参与跨境清算的每个清算主体背后都是一个或几个有着丰富业务内容的机构。这些清算节点所代表的机构内部业务的系统架构可能是中心化的组织架构，也可能是传统的分布式组织架构，还有可能是区块链式的组织架构。而这些业务系统必然是在跨境清算整个系统的区块链的组织架构下，按照各自的业务逻辑运行，同时通过跨境清算业务节点与其他跨境业务清算节点背后的系统进行各种业务和数据的交互。

再比如，用区块链实现的供应链管理系统会通过在相关的节点之间共享业务数据，进而重构整个供应链的业务流程，去掉原来因数据垄断而不再需要的数据中心和中介环节，从总体上提高系统协同效率和系统总体利润。但供应链管理系统中的每一个节点背后也必然运行着一整套管理系统，这些管理系统在供应链管理系统整体的区块链架构下发挥应有的作用。

3. 多种区块链混合并行

区块链业务场景落地应用的第三种方式是，在同一个业务系统当中多个区块链系统混合并行。

例如跨链去中心化交易系统 CCDEX[①] 同时使用了公有链和私有链。CCDEX 交易系统将清算和交易分层处理，清算系统面向所有交易用户，是一个公有链系统。在交易撮合环节 CCDEX 系统采用了多撮合节点竞争机制，由各撮合节点分别独立完成面向全网所有交易节点的交易撮合。由于 CCDEX 架构在完全分布式的网络环境中，在同一时间段内不同撮合节点接收到的交易订单会存在差异。底层区块链系统在出块周

① CCDEX 交易系统是由上海散列信息科技合伙企业完成的试验性产品，并未推向市场。

期内，按照最大成交量原则，将该时间段内成交量最大的撮合节点的撮合结果作为当前区块的最终撮合结果，记录在区块链上。撮合节点需要经过申请和批准，所有撮合节点在这个场景当中也是同一类型节点，面向的业务场景也是单一业务场景，因此，在交易撮合环节可以形成一个私有链系统。

4. 区块链构成区块链网

无论是将区块链作为一个功能组件嵌入已有的系统架构中，还是将区块链作为整个系统的基础性架构，都是区块链与其他架构进行的有机整合。除此以外，我们还可以按照数据内容和共享范围，将需要实现数据共享的同一类节点构建为一个区块链系统，在此基础之上再将存在业务联系和数据连通的不同区块链系统连接起来，组成区块链网。

前面内容中我们对私有链和联盟链的定义进行过辨析，提出私有链是面向单一场景单一用户类型的准入区块链，联盟链是面向多场景多用户类型的准入区块链。基于这个定义，我们可以顺理成章地构建出多种类型的区块链网。

（1）由私有链构建出联盟链系统

每个私有链系统面向单一类型用户处理单一场景的业务。当这些私有链与私有链的业务发生关联时，就可以很自然地在众多私有链基础上搭建出联盟链系统，由联盟链系统来处理面向多业务场景和多用户类型的复杂业务。例如前面提到的供应链管理系统区块链。这类系统在总体上是联盟链架构，面向供应链业务中的多业务场景和业务上下游的不同用户类型。但供应链业务场景中的每一个节点并不是单一的业务节点，其后面都是一个完整的信息系统。如果每个节点所在的信息系统仅面向单一业务场景和单一用户类型并且采用区块链架构，那么这个系统就是由私有链搭建出的联盟链系统。

（2）由私有链搭建出私有链系统

如果剖析 DPOS（Delegated Proof of Stake，委托权益证明）的共识机制，我们可以发现，其实 DPOS 采用的共识形成方式就是基于私有链搭建私有链系统。DPOS 共识机制在总体上是一个用于投票并形成共识的单一业务场景，面向的节点也是同一类型节点。每个 DPOS 节点背后所面对的群体仍然是同一类型的用户节点，面向的业务场景也仍然是单一业务场景，只是基于共识形成效率方面的考虑，将这些节点的权限分属在不同的层次。

（3）由联盟链搭建出私有链系统

利用区块链系统建设的每一个面向多业务场景、多用户类型的供应链管理系统都是联盟链系统。当多个联盟链系统由于某方面的需求或要求，比如供应链管理系统 A 的业务局限在 A 地区，供应链管理系统 B 的业务局限于 B 地区，当 A 地区和 B 地区发生业务往来需要统筹运输车辆时，只需要在 A 联盟链中选举出一个负责跨区运输调度节点，B 联盟链中选举出一个负责跨区运输调度节点，再有 C 联盟链、D 联盟链等，由此就可以在各联盟链系统之上搭建出一个私有链系统，面向各联盟链系统负责车辆运输调度的节点协调各联盟链之间的车辆运输调度。

（4）由联盟链搭建出联盟链系统

例如一个类似手机的功能丰富的电子产品由 N 个不同的功能组件组成，每个功能组件又分别由 M 个元器件按照其特定的内部结构组成，那么参与功能组件 A 生产的元器件厂商 A_1，A_2，…，A_m 以及元器件组装厂商 A_{m+1} 就因为这些元器件类型和数量、物流配送、资金结算、信息流通等数据内容构建了一个联盟链系统 A。除此之外，生产这一产品其他功能组件的元器件供货商和元器件组装厂商也构建了另外不同的联盟链系统 B，C，D，E……在这些联盟链系统上，生产这一产品的组装厂商 X 以及 N 个功能组件组装厂商 A_{m+1}，B_{m+1}，C_{m+1}，D_{m+1}，…，N_{m+1} 就在各种联盟链的基础上构建了一个超级联盟链系统。

根据不同的业务需要，我们甚至还可以由不同的区块链系统构建出多个层级的嵌套，由此形成复杂的区块链网。

对于公有链系统，我们尚未进行深入剖析。

公有链面向非持定人群，而且是非准许链，因此，公有链系统的用户之间难以建立强信任关系，难以承载过于复杂的业务应用，也就不可能形成复杂的业务关系。目前我们所看到的公有链都是面向单一业务场景和单一用户类型的非准许链。未来能否看到面向多业务场景和多用户类型的非准许链，还有待进一步观察。如果未来出现这种面向多业务场景和多用户类型的非准许链，我们暂且把这种面向多业务场景和多用户类型的非准许链命名为公有联盟链。那么，按照上面准许链的逻辑，就可以由公有链构造成公有联盟链。

当然，我们也可以在目前公有链的基础上构建出不同的私有链或联盟链。如果采用区块链技术构建，那么每个景区或饭店对其客户都是一个公有链系统，因为这些景区或饭店无法判断谁是它的顾客、谁不是它的顾客，因此只能采取非准许制。同时这些景区或饭店作为一个节点，必然也是工商或税务区块链系统当中的一个节点。但工商或税务系统的区块链一定是私有链或联盟链，而不可能是公有链系统。

此外还会存在由不同的私有链或联盟链作为公有链或公有联盟链的一个节点的情况。例如由于目前的去中心化交易所面向非特定用户，因此其区块链系统在整体上必然呈现为公有链架构。这些去中心化交易所面对的，既有个人用户节点，也有机构客户节点。这些机构客户背后的业务架构如果也采用区块链架构，则既有可能是私有链系统，也有可能是联盟链系统，类似于目前传统交易所系统中的机构客户。

5. 由“+ 区块链”到“区块链 +”的业务逻辑变革

区块链项目应用落地，就当前设想的情况来看，存在着两种不同的应用落地模式。不同的应用落地模式对应不同的业务逻辑变革路径。如果套用互联网的相关分类，“互联网 +”是指用互联网的逻辑对产业进行改造，那么“区块链 +”就是用区块链的逻辑对产业进行改造，通过数据共享消除信息不对称，最终达到重构和优化业务流程的目的；如果“+ 互联网”是指在产业的基础上引进互联网技术，提升信息化和数字化水平，那么“+ 区块链”则是在产业的基础上引进区块链技术体系，提高数据的透明度并保证数据不可篡改和不可伪造。

“+ 互联网”比“互联网 +”更容易实施。从实践来看，“+ 互联网”也是实施“互联网 +”的前提和基础。“+ 互联网”仅仅是实现现有产业的信息化和数字化，而“互联网 +”则是用数字化的逻辑对产业进行改造和变革。“+ 区块链”也比“区块链 +”更加容易实施，因为从现实应用落地角度，很难有一个产业或一个行业可以从头开始完整地实施“区块链 +”战略，大部分产业或业务仍然通过“+ 区块链”，即从个别环节、个别场景先引进区块链技术架构，在实现个别环节、个别场景的数据不可篡改和不可伪造的基础上，在个别环节、个别场景先完成“区块链 +”的业务逻辑变革，进而逐步将这种由“+ 区块链”扩展到“区块链 +”的逻辑，覆盖整个产业或行业，进而完成区块链改造。

我们通过应用区块链技术改造设备检修系统的例子进行说明。在居民小区或学校的管理系统中，设备管理是其中的核心业务之一，一般的居民小区或学校也会有一个设备管理中心。当用户发现某台设备使用不正常时，会通过相关渠道或途径上报到设备管理中心，设备管理中心再派人去维修。由于设备管理中心派单不及时或设备维修人员责任心不强等原因，设备故障有可能不会及时被排除，甚至有可能同一个设备维修人员刚刚维修过，但因为某种原因，该设备再次发生故障，由此导致责任划分不清。

通过加装设备传感器，将设备状态数据上链，同时将这些数据通过区块链系统同步分发给相关人员。如果设备发生故障，维修人员直接检修就可以了，既不需要用户发现故障后上报，也不再需要设备管理中心派单。维修之后，设备的状态同样上传到区块链系统中，维修人员不需要将维修结果再上报给设备管理中心，设备管理中心更不需要将维修结果反馈给用户。即使设备再次发生故障，也可以从链上数据判断是维修人员检修之后发生的故障，还是维修人员因未检修而导致故障一直没有排除。

如果这个系统能够运行一段时间，所有人都会发现设备管理中心这个机构没有存在的必要了，因此可以精简掉设备管理中心，这样既提升了效率，又优化了设备检修的业务管理流程。

这个例子是通过实施“+ 区块链”，将相关数据以不可篡改和不可伪造的方式在相关人员之间实现共享，呈现出区块链优化业务流程的功能，最终得到“区块链 +”的效果。

设备管理仅仅是居民小区或学校管理中的一个单一场景和环节，基于此，可以在其他场景和环节引进更多的区块链系统，同时在不同的区块链系统上搭建层次更高、范围更大的区块链系统，将“+ 区块链”的逻辑推向更大范围。

“+ 区块链”与“区块链 +”的区别在于，“+ 区块链”是可以通过信息系统的建设和改造完成的，但“区块链 +”则更多的是业务层面的任务，不是通过引进区块链就可以自然而然地完成的。如果我们一开始就计划去掉某个机构或某个环节，那么区块链应用落地的很多工作就可能难以开展和推进。

在上面提到的几种区块链应用落地方式中，“区块链作为功能组件”和“多种区块链混合并行”是在现实生活的某些场景和环节中引进区块链技术架构，“区块链构成区块链网”和“区块链作为系统基础性架构”则是“+ 区块链”的业务逻辑在更大范围内的拓展。

在推进“+ 区块链”业务战略的时候我们需要清楚的一点是，在任何场景或业务环节引进区块链，都需要消耗一定的成本。这些成本在最小意义上包括由于数据全网一致性分发和冗余存储而必需的带宽、存储和计算资源。区块链系统作用的场景越是宏大，需要消耗的资源就越多。因此，如果“区块链构成区块链网”和“区块链作为系统基础性架构”这两类宏大的区块链应用不能带来系统流程的优化和整体效率的提高，区块链技术架构的引进和应用将有可能得不偿失。

现实生活中区块链能够发挥作用的场景很多，有些通过直接观察就可以发现，有些需要想象，还有一些需要对业务场景和业务逻辑进行深入分析之后才能获取。有些场景仅仅做到“+ 区块链”就足够了，并不一定要深入到“区块链 +”的程度，有些在实施“+ 区块链”的同时自然而然地会进化到“区块链 +”层次，还有一些需要时间慢慢演化。在越来越多的“+ 区块链”的例子发挥好的示范作用之后，我们就可能在更大范围内实施更多的“区块链 +”。

6. 区块链技术和技术架构变革

区块链应用落地以及区块链架构与其他架构的融合，离不开区块链技术和技术架构的变革。一味追随目前主流公有链或联盟链的技术和技术架构，不从业务逻辑和架构对接改进和拓展区块链技术和技术架构，是难以满足区块链系统应用落地需求的。

（1）搭建轻量级的区块链技术架构

如果区块链系统作为其他系统的功能组件，则适合采用轻量级的区块链系统架构进行嵌入。目前无论是公有链系统还是所谓的联盟链系统，相对来说都显得架构过于庞杂。例如在前面提到的设备检修的案例中，区块链系统只要能够从传感器上获取数据并将数据分发到区块链系统内所有节点，保证这些数据在采集、传输和存储的过程中不可伪造和不可篡改就足够了。从区块链的架构来说，我们只需要数据层和网络层就可以了，最多加上共识层，既不需要激励层，也不需要合约层，更不需要不同节点来争夺记账权。

一个系统多链并存或者由不同的区块链构成区块链网时，都需要回归到区块链系统的原始特征，对现有的区块链架构进行解构，去掉那些不必要的功能组件，再根据上层业务系统的需要，将相关技术进行重新组合。这不仅是当前区块链系统在局部范围内落地的需要，更是未来区块链系统在更大范围内发挥作用的需要。

（2）构建跨链和跨架构的数据交互工具

区块链系统与区块链系统之间的数据交互主要通过跨链技术实现。区块链系统与其他系统的数据交互则需要对不同系统的架构、交互数据的存储结构和呈现方式进一步分析。

有些数据交互可以通过桥接的方式进行，例如前面提到的景区或饭店的例子。景区或饭店面对消费者构建的公有链系统的数据肯定不是工商或税务等私有链或联盟链系统需要的数据，因此，在这两种类型的区块链系统之间需要设置一个桥接节点，用于数据的转换和对接。

但对大部分区块链系统与区块链系统的跨链应用，桥接肯定不是一个好的方式。这个方式直接在应用层匹配双方的数据结构，每当引入一个新的区块链系统时都需要根据其技术特性，完成与其他区块链系统的对接和匹配，工作量大且烦琐。如果连接的区块链类型过多，必然导致应用层资源过多消耗在数据的结构转换上，直接导致系统效率降低。理想的跨链功能是作为组件置于系统底层，通过标准的接口供上层应用无缝调用，无须适配目标系统。

（3）构建功能和结构更加丰富的区块链技术架构

面对真实的业务场景，区块链要发挥其特有的作用和功能，必然要和其他信息系统进行架构方面的广泛融合，但目前区块链的技术架构较为固化，对外的接口方式过于单一。这不仅是目前区块链系统落地应用难的原因，而且将制约区块链未来的发展。

例如，由于公有链具有非准许特性，因此公有链的用户角色表现出高度的同质化。以太坊、EOS 系统实际上都在进行这方面的改进探索，即如何在公有链系统上实现角色差异化。

以太坊通过引入智能合约，试图在业务层或应用层通过代码匹配多种多样的场景，但这种匹配建立在底层数据全部公开、系统无准入、角色无差别的基础上，注定只能匹配到其中一小部分业务场景，而无法匹配更加丰富的产业逻辑。

EOS 系统通过在全球部署 21 个超级节点，在物理和逻辑上对数据进行区分，其努力方向值得肯定，但其基础架构决定了 EOS 系统仍然只能匹配到现实生活中的一部分业务场景和单一用户类型，难以形成丰富而复杂的产业逻辑。

因为公有链需要由集体维护系统运行，必然带来用户角色在系统管理层面的同质化，同时又试图极大丰富上层应用，使用户角色呈现更多的异质化因素，所以导致多个目标难以协调。因此，要想匹配更加丰富的业务逻辑、在更多业务场景发挥区块链的作用，我们需要回到区块链的底层技术逻辑层面，对技术架构和技术目标进行更大程度的调整和重构，甚至打破公有链和联盟链的一些基础前提和假设，以丰富和完善区块链技术架构。

（4）创造更多能够实现业务角色差异化的工具

为了让区块链尽可能匹配更多业务场景，除了对区块链架构进行改造，还可以在区块链架构的一些特定环节引入相关工具，实现角色差异化。例如由单一私钥保管全部数字资产的系统设计，就难以满足包括数字资产托管、矿场、矿池、数字资产交易所等非个人客户对数字资产管理的需要。未来各国央行的数字货币以及越来越多的数字化资产也面临同样的问题。这就需要对单一私钥的系统设计进行改造，例如利用秘密分享技术将一个完整的私钥进行拆分，将一个人保管一个完整私钥并赋予其全部资产的管理权限，改为由多个人分别管理各自私钥分片并共同保管全部资产的方案。这个方案还可以引入门限方案，即并不一定要求所有人全部履行职责才可以完成资产的管理，而是在特定人数履行职责的基础上就可以实现资产的管理和转移，以匹配现实生活中可能面临的多种复杂情况。

同时我们还可以引入时序关系，对不同人员履行职责的先后顺序进行必要的规定，来对应现实生活中的业务流程需要。或者团队各方独立生成各自的私钥分片，基于安全多方计算技术，生成对应的钱包或托管账户地址，从数学上保证各自私钥分片的安全，进而保证钱包和托管账户资产的安全，而不是像秘密分享技术可能泄露完整私钥。

4.2 分布式密钥在区块链中的基础性作用

作为一种新的技术架构，区块链系统具有去中心化运行、去第三方信任、系统集体维护、数据不可篡改和不可伪造、交易可追溯等特点，将这些特点结合共识机制、智能合约等创新技术，能够有效解决传统中心化系统具有的数据不透明、运行效率低、协同性差等问题。

为保证区块链上存储数据的安全性和完整性，区块及区块链的定义和构造中使用了多种现代密码学技术，包括公钥加密体制、哈希函数和默克尔树等。这当中，非对称密码技术是区块链系统的底层核心技术之一，除了用于用户标识、操作权限校验，还用于数字资产地址的生成、资产所有权的标识和数字资产的流转。即基于非对称密码技术的数字签名可以构建公私钥对以标识用户身份；可以基于公钥生成加密资产地址，以公私钥对检验资产所有权；可以用私钥对操作签名，用公钥校验用户的操作权限；还可以用接收方公钥对传输数据加密，接收方用私钥解密并读取数据。

区块链系统中的“人”“财”“权”和“数据”都需要依靠非对称密码技术来标识，

相应的职能和权限也依赖非对称密码技术来保障和实现，因此，非对称密码技术是构成区块链应用并促进其发展的基石[①]。

4.2.1 传统非对称密码技术的不足

分布式和去中心化信任是区块链系统的重要特征。这些特征保障了区块链系统在多方参与的环境下降低信任门槛，达到更高的系统效率。但非对称密码本身的设计和实现是中心化的，无法有效实现对分布式和去中心化系统的支持。

目前区块链系统使用的是非对称密码算法，但是从私钥到公钥的计算使用的都是中心化算法，公私钥对的生成都需要基于完整的私钥，即私钥和公钥之间的关系是1对1的，而无法有效实现 N 对1的关系。因此，非对称密码技术不能有效支持同一事务在多方参与下的业务协同，不能对区块链中的“人”“财”“权”和“数据”实现原生的分布式管理。

目前对资产所有权的分布式管理及对资产的有效锁定和托管，基本都是在位于Level 2的应用层基于多重签名和智能合约编程实现，对操作权限的审批也需要通过合约实现。但这两种方式并不是所有的区块链系统都支持，或者支持能力有限。例如比特币不支持智能合约，在多重签名上最多只支持5个多重签名和3/5的门限；而以太坊不支持多重签名，需要编写智能合约实现类似的功能。另外，从安全角度来说，在上层完成的功能实现除了需要考虑自身业务逻辑的完备性，还需要考虑来自系统底层的攻击，系统底层的漏洞也会给上层应用的安全带来更大的威胁。

目前市场上主要的数字资产托管供应商是Bitgo。Bitgo等机构均采用多重签名技术托管用户资产。多重签名相比传统的单密钥，无论是在技术上还是在管理手段上都强化了受托管资产的安全，因此多重签名成为很多虚拟货币托管机构的标准做法。

但多重签名技术使用不当同样容易造成重大损失。如Parity多重签名钱包实现中的一个代码错误，导致恶意攻击者窃取了价值约3 000万美元的以太币，这成为迄今为止最大的钱包黑客攻击事件。此后黑客再次获得了钱包使用权并冻结了价值3亿美元的以太币，一些客户损失的数字资产价值高达30万美元。

---

① 这部分内容参考了上海散列信息科技合伙企业的“密钥管家”项目相关内容。

4.2.2 分布式密钥对分布式系统的支持

1. 安全多方计算为分布式密钥技术提供理论基础

基于安全多方计算的密码学突破开始引领密钥管理的发展。安全多方计算是一种分布式协议，允许各参与方在不泄露自身隐私信息的前提下，通过既定逻辑共同计算出一个结果。相较多重签名，安全多方计算和门限签名方案具有更强的优势。

首先，安全多方计算不存在单点故障。与多重签名类似，安全多方计算的解决方案中私钥不会在一个地方创建或保存，安全多方计算方案可有效保护密钥免受犯罪分子以及内部人的攻击，可防止任何人窃取数字资产。

其次，安全多方计算解决方案与密码签名算法无关。并不是所有的密码签名算法和数字货币都支持多重签名。支持多重签名的密码签名算法之间的实现方式也截然不同，这就需要对每一类密码签名算法都单独开发对应的多重签名算法。此外，不是所有钱包系统都支持通过多重签名方式进行智能合约转账。通过多重签名智能合约转移资金，会引起各种问题并有可能与某些交易所管理规则发生冲突。而安全多方计算的实现与密码签名算法无关，可以在大多数区块链使用的标准化密码签名算法〔Elliptic Curve Digital Signature Algorithm（ECDSA）或 Edwards-Curve Digital Signature Algorithm（EDDSA）〕上工作，这使得在不同区块链之间实现安全多方计算成为可能。

最后，安全多方计算可以进行学术验证和实际应用。虽然安全多方计算只在最近才开始应用到虚拟货币钱包，但自 20 世纪 80 年代以来，它就一直是学术研究的宠儿，接受了广泛的同行评议。安全多方计算的实现适用于所有密码签名算法，而且可以针对其实现的不足进行修复。但多重签名方案不具备这种优势，每种协议都要求钱包系统提供商提供不同的代码实现，任务烦琐，审查范围大，难以实现形式化证明。

2. 基于安全多方计算的分布式密钥技术可以实现对分布式系统的原生支持

如果将中心化的非对称密码算法基于安全多方计算改造为分布式的非对称密码算法，即本节所说的分布式密钥技术，将现有一个用户生成完整私钥改造为由多个节点独立生成各自私钥分片，将现有的中心化计算过程改造为分布式的计算过程，将 1 个私钥与 1 个公钥的对应关系改造为 1 组私钥集合与 1 个公钥的对应关系，那么原来基于单一私钥的公钥生成、签名、验签以及数据加密等过程就都可以改造为在 1 组私钥的基础上完成公钥生成、签名、验签和数据解密的过程。资产托管、审批等原来全部位于 Level 2，由智能合约完成的业务就可以通过调用位于 Level 1 的底层分布式密钥部件实现，而且这样的分布式密钥部件的功能是原子性的，具有同等的密码安全强度。

分布式密钥技术与基于秘密分享技术生成私钥分片的方案存在本质上的不同。基于秘密分享技术的方案是先生成完整的私钥，再对私钥进行拆分，形成若干个私钥分片，然后交给多方分别保存。由于出现过完整私钥，无论是在技术上还是在管理上都难以保证完整的私钥没有泄露。而分布式密钥方式直接由各个参与者独立生成私钥分片，在整个过程中没有出现过完整私钥，也不存在参与者之间传递和分享各自的私钥分片的情况，因此也就不存在泄露完整私钥的问题。

如图 4-1 所示，在现有非对称密码算法实现数据加解密方式下，Bob 给 Alice 发一份秘密信息，Bob 用 Alice 的公钥（Public Key，PK）对信息加密，Alice 收到后，用自己的私钥（Secret Key，SK）对信息解密。在分布式密钥算法情况下，Bob 给群组 Group 发一份秘密信息，Bob 用群组 Group 的 PK 对信息加密，群组收到加密信息后，需要用群组中不同人的私钥，包括 Alice、Carl 和 David 等人每个人的 SK 共同对信息解密。

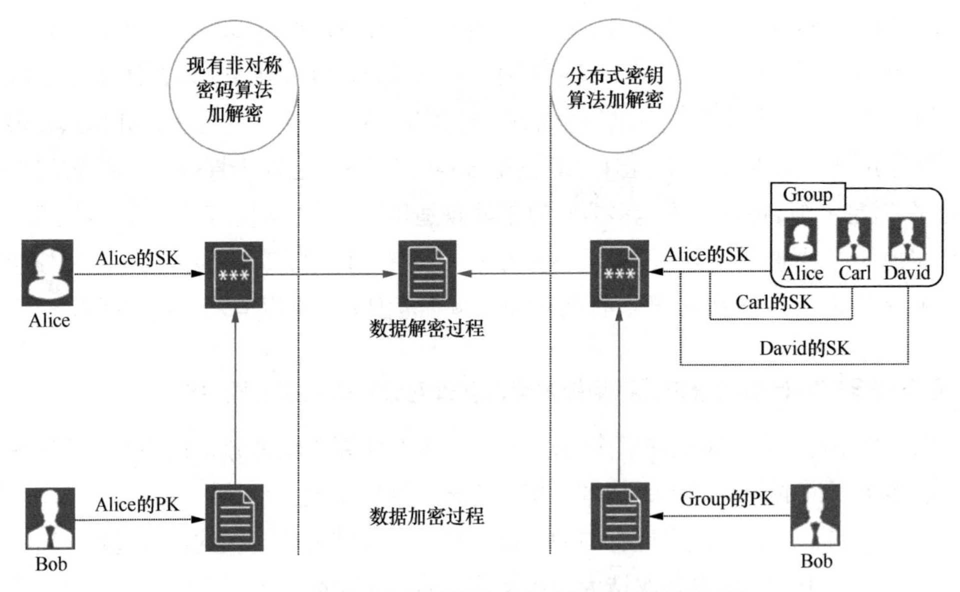

图 4-1　现有非对称密码算法与分布式密钥算法加解密对比

通过以上对现有中心化方式下的非对称密码算法进行分布式背景下的改造，可以实现基于区块链以及其他分布式应用对“人”“财”“权”和“数据”的原生的分布式支持，从而实现更加丰富的上层分布式应用。

如图 4-2 所示，在分布式密钥技术基础上，配合跨链互操作方案，还可以实现对来自不同区块链系统或者传统信息化系统中“人”“财”“权”和“数据”的远程管理，从而构建一种立足于分布式密钥算法的跨链方案。

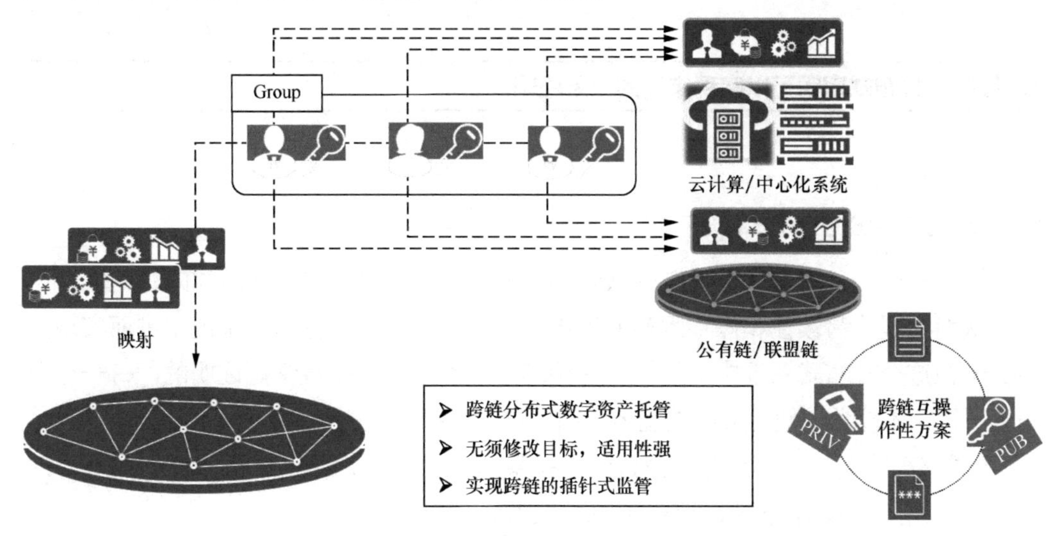

图 4-2 分布式密钥技术可以实现对不同系统的远程管理

4.2.3 非对称密码技术分布式实现的作用

在现有区块链系统以及信息化系统中，私钥就是用户在系统中的通行证，即使在异常情况下也没有人可以对其行为施加影响。在这种情况下，只能依靠 KYC① 及对数据进行分析来发现异常，而且依赖于异常情况下的事后处置。

这种情况出现的主要原因是缺少合适、有效的监管工具和监管手段。在现有数据采集和数据分析基础上，应该赋予区块链应用以事前的审批能力、对外部区块链应用的跨链插针式监管能力以及在某些特定情况下对资产控制权的接管能力。而这些能力

① KYC（know your customer 或 know your client，了解你的客户）是国际社会所有金融活动中必不可少的环节，主要用于避免洗钱、身份盗窃、金融诈骗等犯罪行为。

依赖非对称密码算法的分布式实现的突破，通过分布式身份管理协议实现对“人”的分布式管理，通过分布式资产管理协议实现对“财”的分布式管理，通过分布式权限管理协议实现对“权”的分布式管理，通过分布式数据管理协议实现对“数据”的管理，同时基于分布式密钥的跨链实现方案共同构建区块链所需的监管能力。

因此，非对称密码技术的分布式实现是推动区块链技术与应用治理实现的实质性结合，是推动区块链产业发展与推广的必要技术基础。

4.2.4 分布式密钥可以实现丰富的业务逻辑

1. 实现用户身份的分布式管理

基于分布式密钥算法，用户可以通过多种方式实现自身与算法生成的私钥集合绑定，从而实现将易读性和保存困难的私钥托管给非中心化的分布式系统，进而实现用户身份在这个分布式系统中的托管。这种绑定的安全性也是数学可证明的。每一个分布式私钥都不能独立地生成有效签名，因此这样的托管是安全的。

用户实现与分布式私钥集合形成绑定关系的方式有以下两种。

（1）用户在受托分布式系统中生成托管账户

用户可以在受托分布式系统中生成一个托管账户，托管账户也是以非对称密钥算法实现的，相当于在受托系统中完成注册。

生成账户后，用户可以要求由受托分布式系统生成在第三方系统中的用户身份。如图 4-3 所示，用户身份生成后就完成该托管身份与用户在受托分布式系统账户间的绑定，也同时完成用户身份的托管。至此用户可以用自己在受托分布式系统中的同一个账户管理多个第三方系统中的用户身份。

在该方案中，用户的身份是完全托管于受托分布式系统中的。用户持有证明自己在该系统中对应的账户，从而拥有账户下绑定的所有托管的用户身份。这样的绑定关系依赖于受托分布式系统的对应记录。

它的优势在于托管身份对应的分布式私钥集合完全保存在分布式系统中，用户不用担心它的安全。同时，在使用过程中，用户只需要发起操作请求，分布式系统在接受请求后完成后续的操作，不需要用户全程参与。

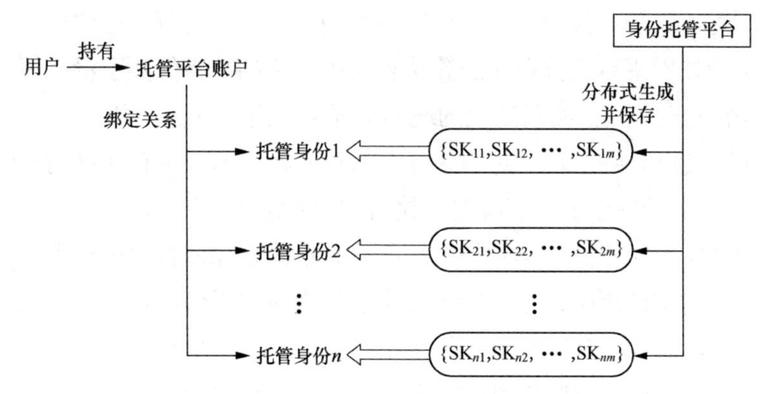

图 4-3　用户在受托分布式系统中生成托管账户

（2）用户持有分布式私钥集合中的若干私钥

这种实现方式是由用户持有分布式私钥集合中的一个或多个私钥。如图 4-4 所示，在该方式中，用户既是身份托管的委托方，也是身份托管的受托方之一。用户与某个托管身份的绑定关系是由密码算法保证的，这是一种数学可证明的绑定关系。

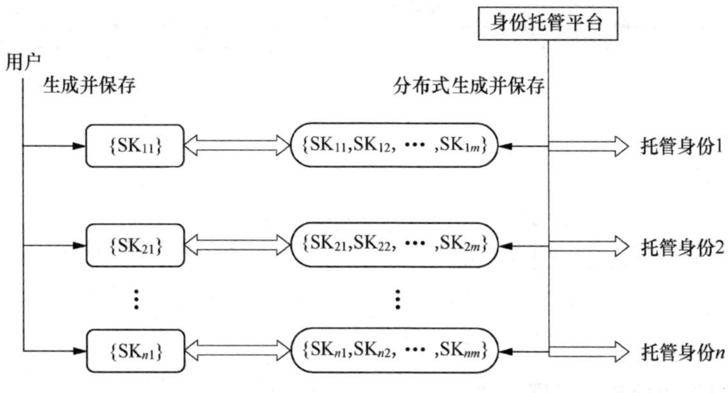

图 4-4　用户持有分布式私钥集合中的若干个私钥

我们可以通过对算法的参数进行设置来实现分布式私钥功能。例如在签名过程中，如果需要用户所持有的分布式私钥的参与，则可以形成更加丰富的逻辑功能。

该方案的优势在于它提供了更高的身份托管的安全性，但在使用签名时需要用户全程参与。

2. 实现隐私和监管

用户在应用系统中的某些行为需要实现隐私保护。用户身份托管可以为现实世界中的用户提供可靠的隐私身份。通过分布式密钥系统，我们可以搭建一个去中心化的分布式用户身份托管平台，分布式的算法和去中心化的特点保障了没有任何一个实体第三方可以获得与受托用户身份对应的现实世界中的用户真实信息。

同时，在现实世界中，政府对一些行业和一些特定的应用有明确的监管需求，例如金融、海关等。监管在于能够了解宏观数据、适时调控，或者在出现特殊情况的时候，能够通过有效的审查手段定位问题的根源。这就在隐私和监管之间提出了分层管理的要求，也就是在日常使用中，用户在系统中的行为应该得到隐私保护，而又能够在一个小范围内提供可监管和审计的功能。

如图 4-5 所示，在具有监管功能的应用系统中，用户在生成身份托管系统账户前，可以接入对应的 KYC 系统，按照所在地法律法规的要求完成所需的身份认证。这些 KYC 数据将不会出现在身份托管系统或应用系统中，从而保障用户在应用系统中的隐私行为，同时这些数据在 KYC 系统中加密保存并向特定部分授权访问，从而满足监管和审计的需求。

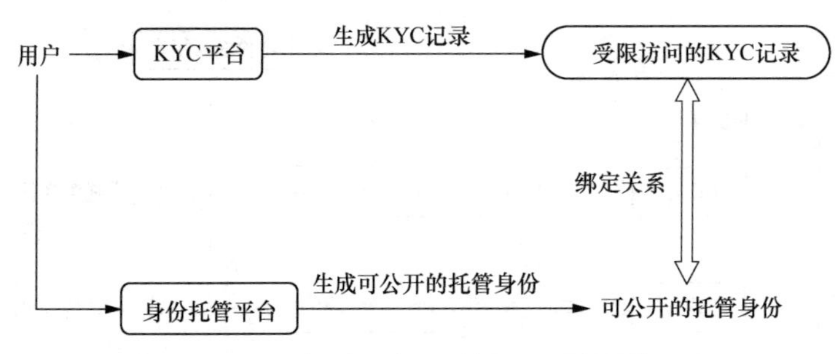

图 4-5　利用分布式密钥技术实现监管功能

3. 实现用户权限的分布式管理

分布式密钥算法可以进一步结合门限签名等密码技术，在分布式私钥之间构建更加丰富的逻辑关系。

基础的逻辑关系包括 3 种，接下来分别介绍。

（1）分布式私钥间对等的“与”关系

在不设置门限的情况下，一个分布式私钥集合中，各个私钥所具有的权力是均等的。完成相应的操作时需要所有分布式私钥参与，所以表现出分布式私钥间“与”的逻辑关系，如下所示。

$$\{SK_1 \cap SK_2 \cap \cdots \cap SK_n\}$$

如图 4-6 和图 4-7 所示，分布式私钥集合中私钥数量与应用参与者数量比为 1∶1，每个应用参与者持有集合中的 1 个分布式私钥，于是在这些参与方之间构建了对等的决策关系。这在业务层面的逻辑上意味着所有的操作需要得到全体参与者的一致同意才能完成。

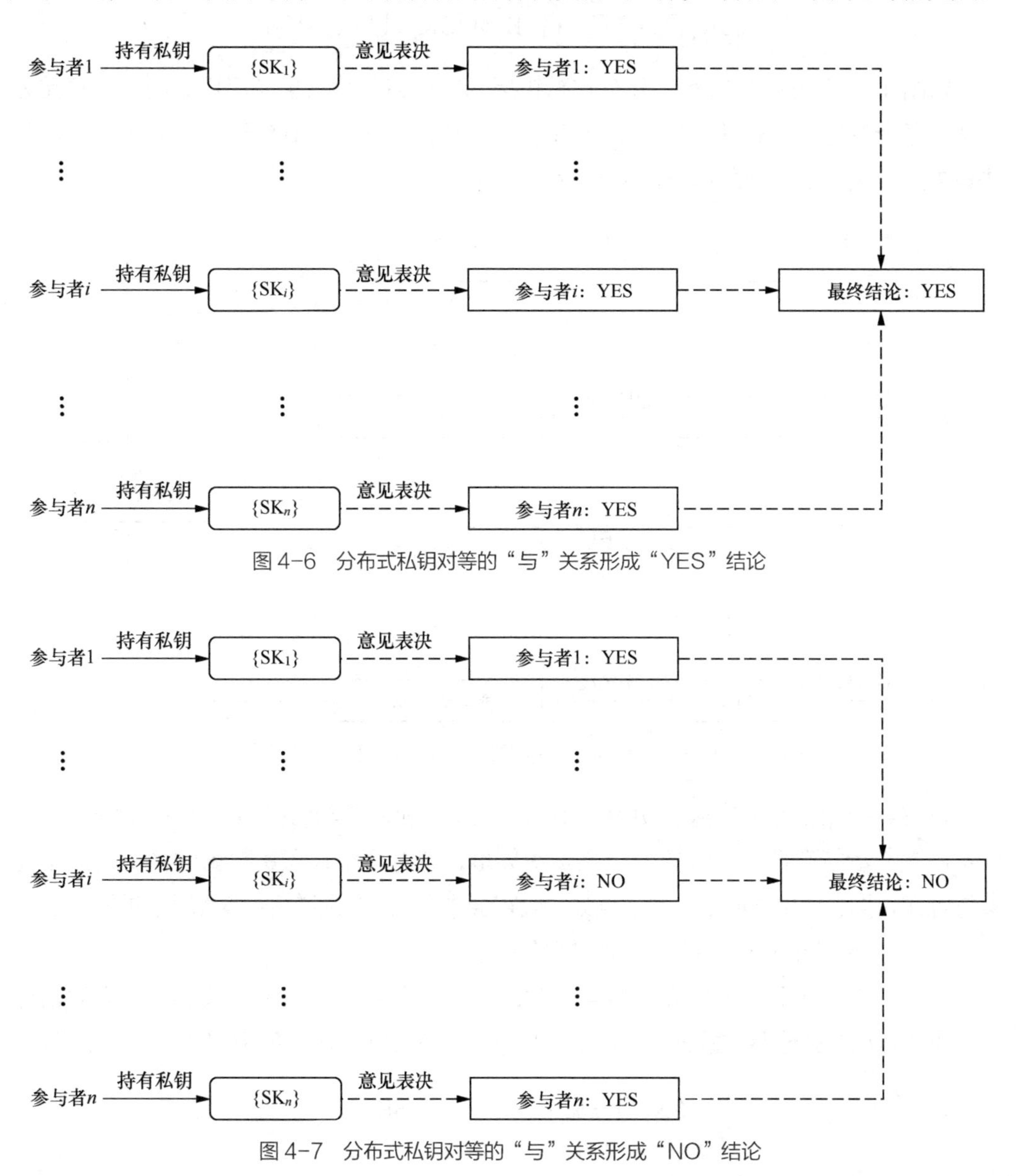

图 4-6　分布式私钥对等的“与”关系形成“YES”结论

图 4-7　分布式私钥对等的“与”关系形成“NO”结论

（2）门限构建的分布式私钥间的“与或”关系

在设置门限 t/n，$t \leqslant n$ 的情况下，一个分布式私钥集合中各个私钥是对等的。但由于完成相应的操作时需要超过 t 个分布式私钥共同参与，所以表现出分布式私钥间“与或”的逻辑关系，如下所示。

$$\{SK_1 \cap SK_2 \cap \cdots \cap SK_t\} \cup SK_{t+1} \cup \cdots \cup SK_n$$

如图 4-8 和图 4-9 所示，分布式私钥集合中私钥分片数量与应用参与者数量比为 1∶1，每个参与者持有其中的 1 个私钥分片，但由于基于门限构建了少数服从多数的决策关系，因此超出门限部分的参与者意见不会影响最终的决策结果。

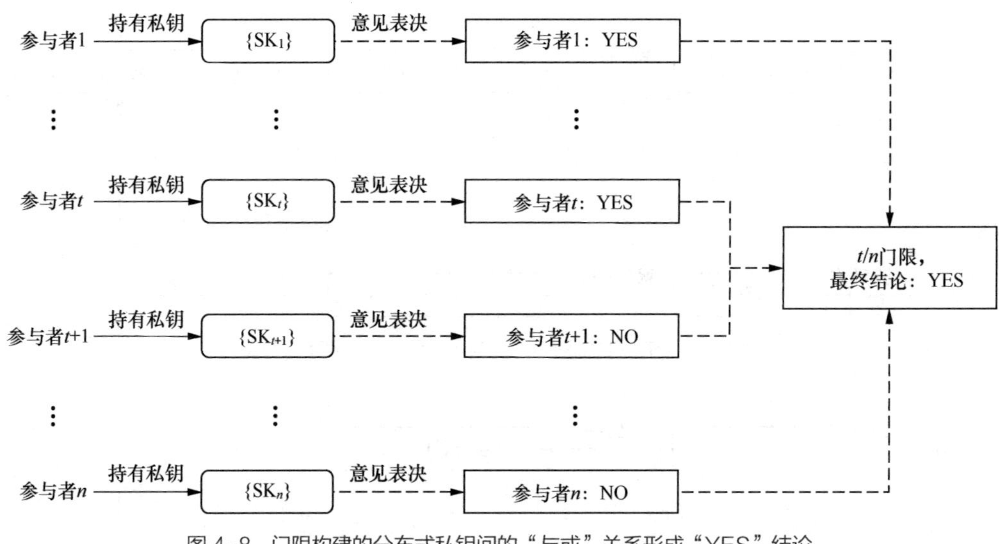

图 4-8　门限构建的分布式私钥间的“与或”关系形成“YES”结论

如图 4-10 所示，分布式私钥集合中私钥数量与应用参与者数量比为 1∶n（$n \geqslant 1$），则不同参与者持有数量不等的分布式私钥数量，持有分布式私钥数量的多少对应不同参与者在意见表达中不同的权重。例如，股东会中不同股东拥有不同表决权的应用场景。

（3）指定某个分布式私钥的“与或”关系

在门限的情况下指定完成签名操作时，其中某个分布式私钥必须参与，则被指定的分布式私钥与其他参与的分布式私钥之间就具有对结果“与”的逻辑关系，如下所示。

$$\{SK_i \cap (SK_1 \cap SK_2 \cap \cdots \cap SK_{t-1})\}$$

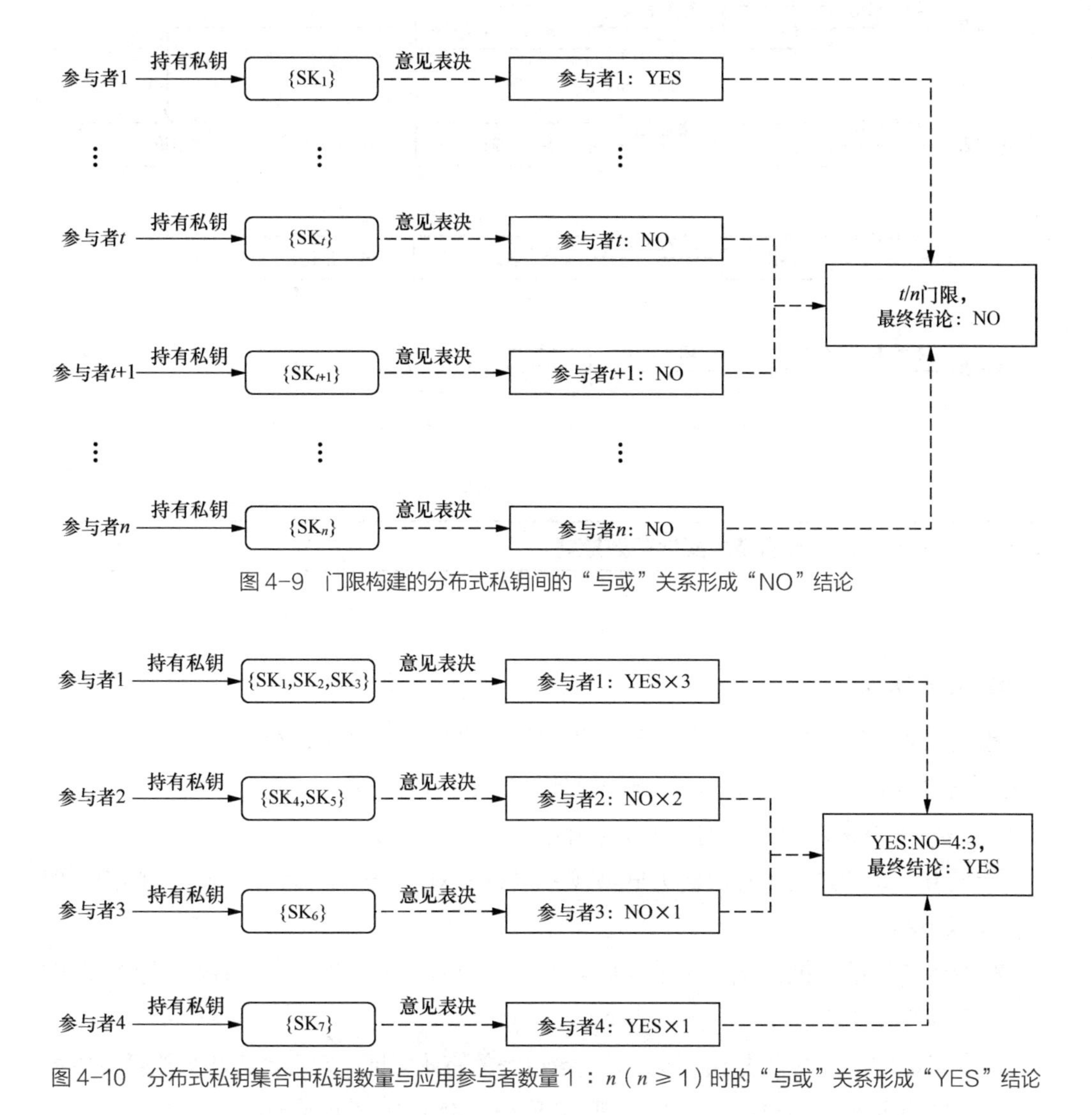

图 4-9 门限构建的分布式私钥间的“与或”关系形成“NO”结论

图 4-10 分布式私钥集合中私钥数量与应用参与者数量 1 ： n（$n \geqslant 1$）时的“与或”关系形成“YES”结论

在使用分布式私钥构建权限关系的时候，这组分布式私钥并不是对应于1个用户，而是将各个分布式私钥分别对应到实际业务应用的多个参与者身上，从而由上述的逻辑关系构建参与者之间在业务应用中相对的权限关系。

在这种情况下，最终结果必须得到持有该分布式私钥的参与者的支持，相当于持有该分布式私钥参与者对决策具有一票否决权，如图 4-11 所示。

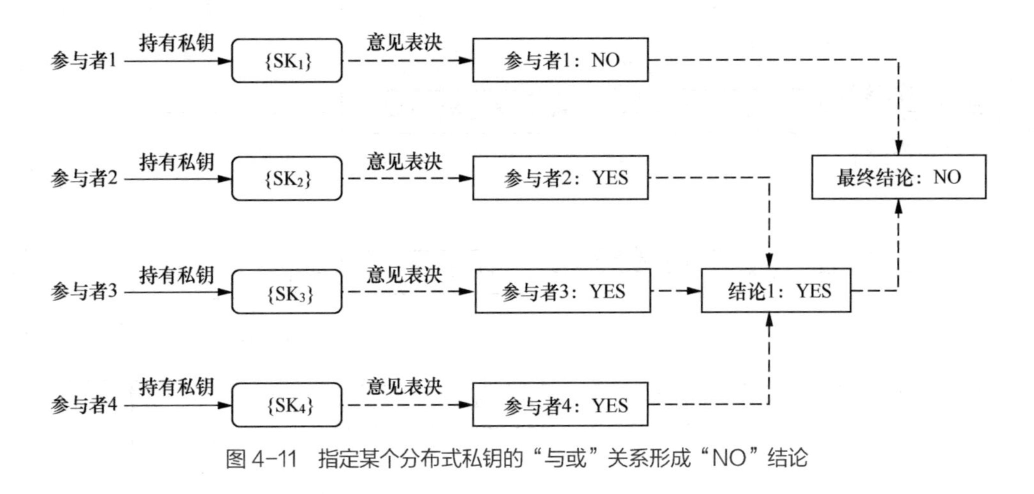

图 4-11　指定某个分布式私钥的“与或”关系形成“NO”结论

4.2.5　基于分布式密钥技术实现有效监管

1. 操作实时审批

事后监管和事后纠错方式包括通过历史记录数据评价系统运行状况，检查业务应用是否符合规范，发现其中有无违规异常操作并提示相关风险。对于核心、关键业务应用，需要赋予业务监管者以事前审批能力。

传统方式是通过业务流转的方式实现不同权限对于一个业务请求的审批操作，但其存在以下不足。

- 业务流转的审批方式依赖于代码对业务逻辑实现的准确性，有存在逻辑漏洞的可能性。
- 业务流转的审批方式不能形成对决策过程的有效凭证，审批流程和最终系统中提交的指令不构成严密的相关性，形成不了可追溯并且不可篡改的逻辑关系。

如图 4-12 所示，分布式密钥技术可以实现有监管者参与的分布式签名，赋予监管者对用户操作的实时审批能力。

具体流程如下。

① 操作指令执行者（一方或多方）和监管者（一方或多方）各自独立掌握自己的私钥分片。

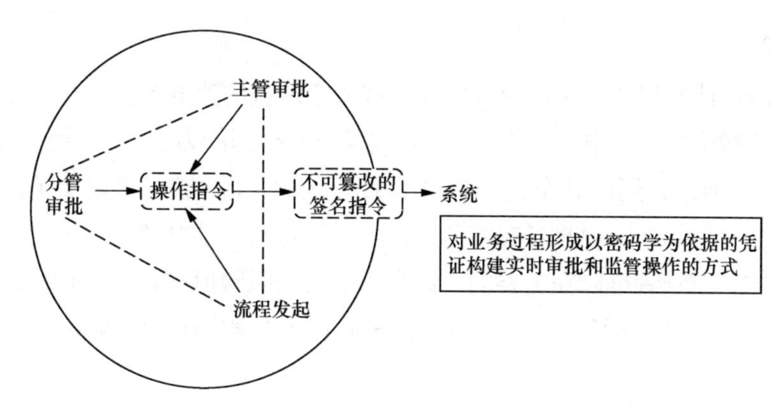

图 4-12 分布式密钥技术实现的有监管者参与的分布式业务流程

② 对于执行者提交的操作，如果需要监管者审批，则采用分布式的方式由监管者对操作指令完成有效的签名，该签名可以被第三方以传统的公钥方式校验。

③ 签名的过程是交互式的，监管者在收到执行者提交的操作指令以及在签名过程中，都可以终止该交易的签名，拒绝形成有效的交易指令。

基于分布式密钥技术的分布式签名是一个数学可证明的过程，分布式形成的签名是一个对审批决策流程可追溯并且不可篡改的有效数字凭证。

同时，被监管的对象和链上资产都可能参与到第三方区块链系统的业务应用中。由此，使用分布式密钥技术可以实现对链上资产和监管对象在其他区块链系统中的用户身份、账户地址和操作指令的分布式控制，也可以实现如图 4-13 所示的对跨链系统的插针式监管，对第三方系统中的用户、资产和操作赋予实时的审批能力。

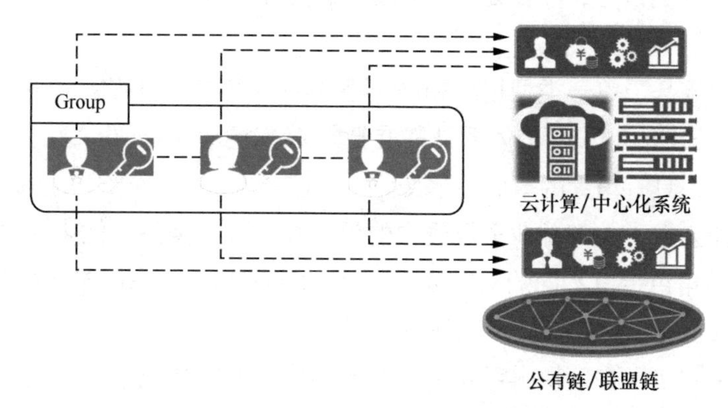

图 4-13 使用分布式密钥技术实现对跨链系统的监管

2. 异常处理

对于事后审计发现的异常情况，例如某些监管对象的违规操作行为和相关账户资产的接管，应赋予监管者排除被监管对象参与的异常处理能力。

如图 4-14 所示，通过分布式密钥技术采用门限阈值设置，可以赋予监管者达到阈值设置的私钥分片，从而具备在特殊情况下对特定资产的紧急处理能力。例如在异常处理过程中，监管者可以在需要的时候利用达到门限阈值的私钥分片完成对特定监管账户中资产的转移，从而锁定相关资产，避免后续违规操作持续发生。

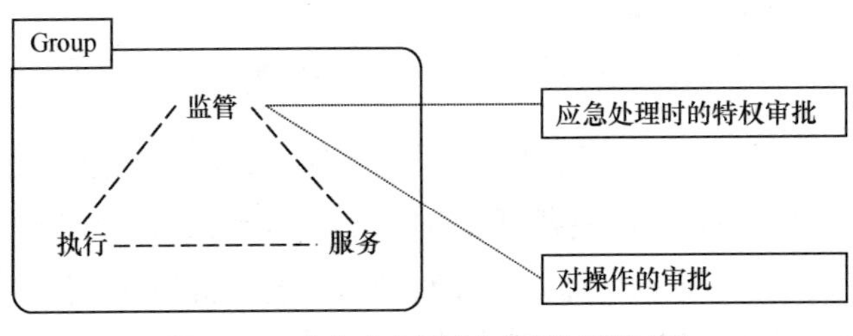

图 4-14　分布式密钥技术实现的异常处理

4.2.6　如何基于区块链实现高质量协同

目前所看到的区块链落地应用，无论是公有链还是所谓的“联盟链”，从区块链系统底层的数据视角来看，所有用户都是单一类型用户，节点具有高度的同一性。区块链系统对节点的区分，更多是从区块链系统运维的角度，而不是从业务逻辑运行的角度出发。

区块链系统基于单一类型用户和同一性质的节点实现的数据真实全网可验证，对于降低信息不透明、建设可信体系具有重要意义；对于优化业务流程、降低运营成本、提升协同效率，具有重大的革命性意义。

但现实社会中，大部分业务场景中的用户并非单一类型。优化业务流程、提升协同效率一定是角色定位不同的双方或多方之间的事情，而不是同一类型用户内部的事情。那么，如何基于区块链实现高质量协同呢？

一种解决方案是在区块链系统底层技术架构不变的情况下，通过应用层的智能合约，在应用层对用户进行角色定义和行为检验，一旦用户角色和行为触发智能合约条件，就执行智能合约规定的动作。

节点用户在系统底层不存在功能和定位上的差别，在应用层又被定义为不同的角色并执行不同的功能，这样极有可能在系统架构上带来逻辑的难以自恰，进而导致编程逻辑上的诸多困难，甚至导致在区块链系统中难以构建部分业务逻辑。

协同的产生，意味着不同类型用户在业务逻辑定位方面存在差异。业务逻辑定位差异，一是体现在不同类型用户在业务流程中的位置不同，也就是时序方面的差异，这是业务逻辑层面或应用层面需要解决的；二是体现在不同类型用户在权限方面的差异。权限方面的差异首先源于用户所在的类型定义，其次是基于其类型定义之上的可执行动作集合或功能集合的差异。

用户类型定义和功能集合可以在应用层进行定义并执行，但如果用户类型较多、功能较丰富，定义就会有相当大的难度，同时又涉及用户权限的安全和系统的可靠性问题。如果能够在区块链系统底层实现对用户业务角色的定义和区分，通过底层业务角色的定义支撑应用层业务角色功能的实现，那么既能做到用户定义角色的安全和系统的可靠，又可以省去在应用层再次对用户类型定义进行编码。

基于安全多方计算实现的密钥分片技术，是可以在区块链系统底层实现用户角色定义的基础性技术。传统的非对称密码算法要求一个私钥对应一个公钥，这对于定义个人身份以及权限是可行的，但难以处理多方协同问题。例如通过单一私钥来管理集体数字资产将面临极大的风险。通常的解决办法是将这个私钥进行拆分，由多个人分别保管其中一个或几个私钥分片，基于规定门限数量，可以实现集体数字资产的集体管理。但这样操作的弊端在于完整的私钥必须事先已经存在，否则无法进行私钥的拆分。由于完整的私钥已经存在，就无法保证该私钥不被泄露，也就是无法解决源头信任的问题。

如图 4-15 所示，基于安全多方计算实现的密钥分片技术，是参与方分别独自生成自己的私钥分片，在所有参与方独自生成各自私钥分片的基础之上，由系统代码运算生成与这些私钥分片集合对应的公钥。在这个过程中，任何参与方都不会向其他人完整呈现自己的私钥分片，系统运算任何一个环节也不会出现任何参与方的私钥分片，当然更不会出现任何形式的完整私钥，从而在理论上和工程上保证系统安全。

传统区块链系统是用单一密钥对（私钥 + 公钥）来标识用户的身份，而且这种标识贯穿该区块链所有应用场景。基于安全多方计算实现的密钥分片技术，代之由一个私钥分片或一个私钥分片组来标识特定用户身份，而且该用户身份仅存在于由该节点私钥分片所对应的公钥所标识的特定业务应用场景中。这种身份标识是所有交易发生的前提，是对交易内容所有权的确认基础。由此实现了用户身份与场景的结合，而不像传统的区块链系统那样用户身份与应用场景是分离的。

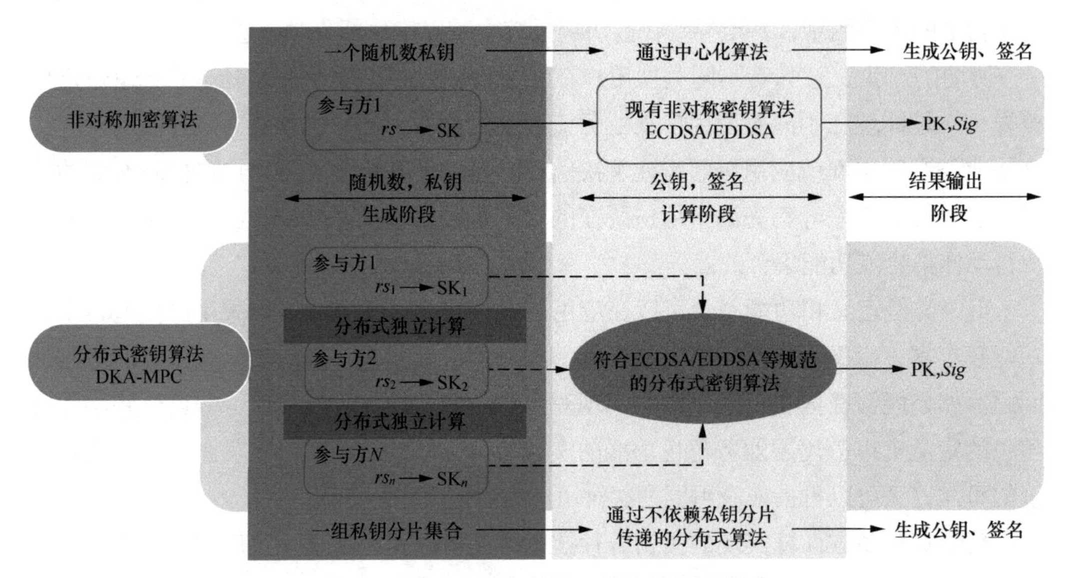

图 4-15　基于安全多方计算实现的分布式密钥技术

此外，依据不同节点的用户身份和掌握的私钥分片数量，在应用层还可以定义该节点用户在特定业务场景中的权限和可执行的功能集合，以及该用户节点在特定业务流程中的每一个时刻的功能子集合，这样可以高效、完整地实现相关节点在特定业务场景和业务环节下的业务协同。

由以上分析，我们认为，基于安全多方计算的密钥分片技术实现是区块链系统实现高质量业务协同的底层核心基础设施组件。

4.2.7 分布式密钥的应用场景与案例

1. 分布式密钥的应用场景

如图4-16所示，在系统中采用分布式密钥算法，对系统的用户身份管理、监管审计、资产管理和权限管理方面具有重要的作用。

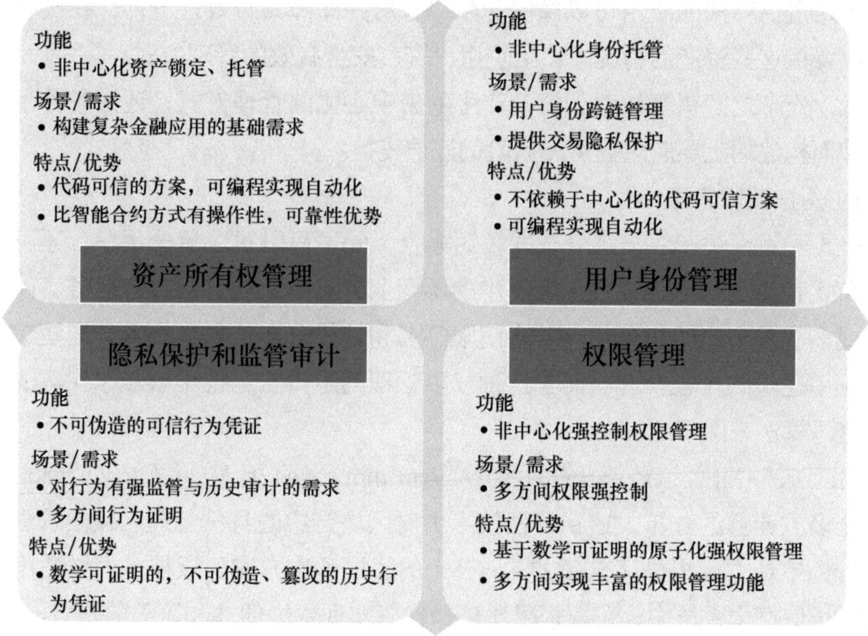

资产所有权管理

功能
- 非中心化资产锁定、托管

场景/需求
- 构建复杂金融应用的基础需求

特点/优势
- 代码可信的方案，可编程实现自动化
- 比智能合约方式有操作性，可靠性优势

用户身份管理

功能
- 非中心化身份托管

场景/需求
- 用户身份跨链管理
- 提供交易隐私保护

特点/优势
- 不依赖于中心化的代码可信方案
- 可编程实现自动化

隐私保护和监管审计

功能
- 不可伪造的可信行为凭证

场景/需求
- 对行为有强监管与历史审计的需求
- 多方间行为证明

特点/优势
- 数学可证明的，不可伪造、篡改的历史行为凭证

权限管理

功能
- 非中心化强控制权限管理

场景/需求
- 多方间权限强控制

特点/优势
- 基于数学可证明的原子化强权限管理
- 多方间实现丰富的权限管理功能

图 4-16　分布式密钥的应用场景

（1）用户身份管理

单一的私钥可读性差，不便于记忆和保存，丢失后难以恢复，在构建面向普通用户的区块链应用过程中，认知难度高，难以推广。

通过采用分布式密钥算法，可以实现对用户身份的分布式托管。分布式托管不同于中心化托管，受托方无法在没有用户授意的情况下单方面完成与用户有关的任何操作。但分布式托管又具有对于部分分布式私钥丢失的容错性，可以在用户丢失自己分布式私钥的情况下，依然能够完成有效的签名，从而保障用户身份的长期有效和便于保管。

（2）对身份的隐私保护和监管审计

采用分布式密钥算法实现对用户身份的托管，有利于实现在应用系统中对用户真实身份的保护，用户可以获得一个不直接对应其自身真实身份的应用身份。

同时，在创建身份托管的同时，可支持接入 KYC 系统的身份验证模块，从而兼顾应用的隐私和监管可管理。

（3）用户资产所有权管理

单一私钥情况下，私钥的丢失意味着用户账户内资产成为死资产，造成用户的损失。

分布式密钥算法的应用可以像保管用户身份并保障其有效性一样，在没有任何第三方可以操控这些资产的情况下，给予用户资产安全有效的管理方式。

同时，分布式密钥算法对于资产产生的去中心化的管理方式，还为各种基于数字资产抵押而构建的上层应用提供无风险的底层支持。

（4）用户权限管理

分布式密钥算法产生一组分布式私钥集合，除了可以对应单一用户，还可以将不同的分布式私钥对应到一个业务应用中的不同业务实体，通过由各个业务实体分别掌握一个或多个分布式私钥分片，结合门限签名和特权分布式私钥技术，构建起满足复杂业务应用逻辑的权限管理。而且这种权限管理的逻辑安全性不依赖于代码的实现，而是由密码算法来保障的。

因此，DKA-MPC（Decentralized Key Algorithm based on Multi-Party Computation，基于安全多方计算的分布式密钥算法技术）对区块链中的身份管理、权限管理、资产管理和行为审计方面提供了全新的 Level 1 的底层解决方案。该技术同样适用于非区块链的各类信息化系统中，可以提供比依赖代码实现更为便捷和可靠的功能。

2. 分布式密钥算法案例——密钥管家项目

密钥管家是以密码技术创新为基础发展起来的系列产品解决方案。密钥管家项目以区块链技术对诸多行业带来的变革趋势为导向，分析其中支撑业务再造升级所需的必然技术需求，从技术发展、产品规划、市场应用等多方面综合入手，从业务逻辑需要和架构对接需要出发，改进和拓展区块链技术和技术结构，为用户需求提供与区块链相匹配的结合点。

密钥管家基于区块链最新技术进展，研究实现 MPC（Multi-Party Computation，多方计算）分布式密钥协议、高性能共识机制、双层网络架构、安全智能合约、HSM（Hierarchical Storage Management，分层存储管理）硬件加密等关键技术。密钥管家项目在核心的分布式密钥技术以及跨链技术等方面已经取得突破。密钥管家公链基于 MPC 分布式密钥算法支持异构跨链协议，打通了不同区块链，形成了价值流通；基于可信计算技术实现联盟链节点网络 MPC 分布式签名，实现了跨链资产托管、映射以及交互协议。

密钥管家团队主要侧重于区块链底层技术和应用场景落地两个层面。

在底层技术方面，密钥管家团队主要聚焦于以下几个方面：一是密钥的分布式生成和验签技术；二是基于密码算法的底层跨链实现；三是区块链对国产操作系统和国产 CPU（Central Processing Unit，中央处理器）的适配；四是区块链在架构方面对等级保护和可信计算的支持；五是区块链的架构设计。

在应用场景落地方面，密钥管家项目重点结合一些典型的应用场景，研究和设计相应的区块链架构。例如在与广州生物岛开展的“基于区块链技术的医疗数据共享和管理系统”项目中，区块链在智慧人大业务中实现基于行为的存证；同时在让老年人融入智能社会的解决方案中，也有基于区块链进行落地的规划。

区块链广泛使用的非对称密码算法是一个私钥对应一个公钥。这种方法在一般情况下是适用的，但如果要用唯一的私钥来管理集体资产的时候就会面临极大的风险。一般的做法是秘密分享，即把这个唯一的私钥进行拆分，一个相关人员掌握其中一个或几个私钥分片。密钥能够被拆分，一定是事先存在这个密钥。因此，这种方法仍然解决不了最终信任来源的问题。多签也是一种解决办法，但某些系统不支持多签。

密钥管家团队是分布式密钥算法领域全球最早开展相关研究的团队之一。密钥管家团队在 2018 年完成 ECDSA 的密钥分布式生成和验签实现，2019 年完成 EDDSA 的密钥分布式生成和验签实现，2020 年实现国密 SM2 的密钥分布式生成和验签实现，同时也开展了相关的开源系统验证。

密钥管家团队基于 MPC 和可信技术，对现有的电子签名算法、非对称加密算法和公私钥对的生成进行改进，实现了全新分布式执行方式 DKA-MPC。具体应用举例如下。

1. 标识用户身份

例如企业的门禁系统或员工管理系统需要对企业成员进行认证，防止外来人员进入，以便更好地管理本单位的员工。企业可以通过分布式身份管理协议实现对“人”的分布式管理。企业员工系统基于分布式密钥算法，使企业员工通过特定的方式在系统中生成员工身份，实现自身与企业员工系统的绑定，进而实现企业员工在分布式员工系统中的托管，该系统也可以对员工的身份、薪资等多方面进行管理和安排。

分布式身份管理除了可以应用在企业内部，还可以应用于校园、公安、金融、机场等对人员身份进行识别的重要领域。

2. 校验用户的操作权限

例如在上述的企业员工管理系统中，通过分布式权限管理协议实现对“权”的分布式管理，能够对于不同的员工实现相应的权限管理。如果企业员工管理系统不设置限制，那么在系统中每个员工所具有的权力是均等的；如果对不同部门的员工设置不同的权限，只有本部门的人员才能参与到特定的场景中。

另外，员工之间也存在不同的关系。比如在股东会中，不同股东持有的股权数量，对应了其在意见表达中不同的权重，拥有不同表决权。此外，操作权限的设定还能够用于企业合作、行业联盟、上下级部门之间。

3. 检验资产所有权

在现有银行或交易所中，用户开设账户需要设定一个密码，输入正确的密码才能够对账户内的财产进行管理和处置，用户密码丢失或账户被盗，账户资产的所有权也将随之转移。在这种场景下通过分布式资产协议实现对“财”的分布式管理，对资产进行分布式管理，有效锁定和托管，确保资产的所有权。分布式资产管理还可以应用在著作权、游戏、专利、商标保护等场景。

4. 对传输数据加密

区块链领域最大的应用趋势之一就是在日常业务中对于隐私和私密性的需求。在比特币和以太坊中，链上数据是非加密并且共享的，账户、余额、合约的公开和结合，会造成用户隐私信息的泄露。通过安全多方计算，可以实现区块链中的隐私保护，每个参与者都可以抽象为一个个的输入值，并不需要提供更多的身份信息，每一次交易都是匿名交易，在互不信任的参与方之间实现安全的数据交换。

例如在企业业务合作方面，合作项目需要共享双方的市场数据信息，这些信息一般都是企业的核心数据财富，信息一旦泄露可能会给企业带来巨大损失，所以一般不能够透露给其他方去运算和分析。在这种情况下，通过分布式数据管理协议实现对“数据”的管理，能够保证双方的数据均无法被任何第三方获得，有效保护企业的数据财富。另外分布式数据管理协议同样适用于病历诊断、投票选举、电子拍卖、数据查询等应用场景。

接下来我们通过应用示例介绍分布式密钥技术和产品在应用实现中的价值和便利性。

1. 权限管理应用示例

如图 4-17 所示，参与方通过持有私钥分片的数量和 t/n 门限阈值的设置来划分权限。

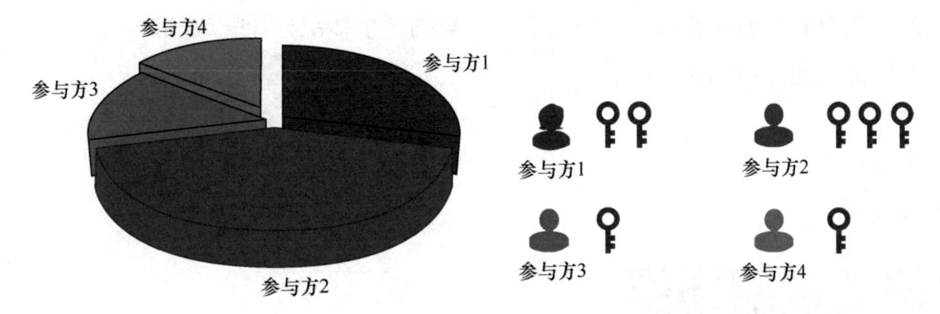

图 4-17　权限管理示意

可管理的权限包括对应账户资产的所有权、执行操作的表决权等。

对权限的强管理，不可篡改、不可伪造。

使用 DKA-MPC 实现上述权限管理，无须编程实现这些逻辑。

2. 资金托管应用示例

如图 4-18 所示，我们可以基于 DKA-MPC 构建一个资金托管系统。

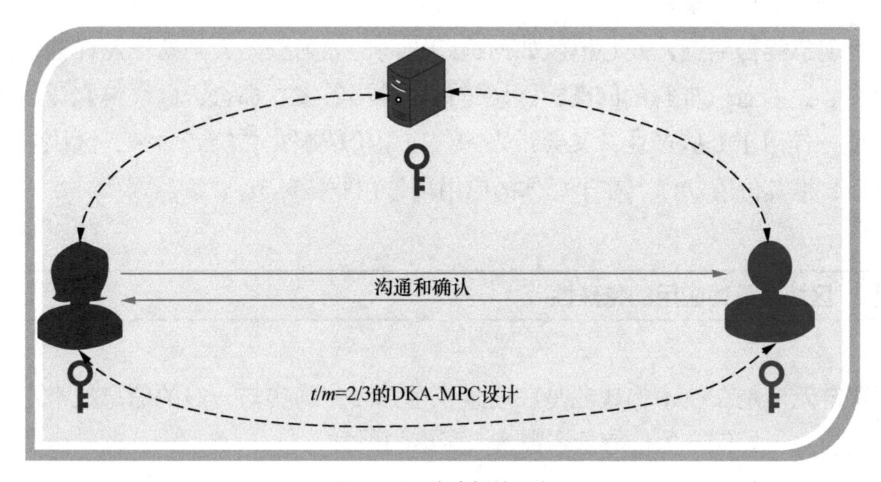

图 4-18　资金托管示意

① 快速构建一个类似于支付宝的去中心化资金托管应用。

- 利用 DKA-MPC 生成一个 2/3 门限的共管账户，用于在交易过程中锁定资金。
- 甲乙双方各持有一个私钥分片，托管第三方持有一个。甲乙双方不能独立完成锁定账户内资金的转账操作。

② 甲乙双方协商一致后，可以由它们持有的两个私钥分片完成转账。

③ 以上实现无需编程。

4.3 区块链赋能场景

区块链具有去中心化、去第三方信任、系统集体维护、数据不可篡改和不可伪造等特点，自诞生以来，获得了全世界几乎所有国家以及众多企业和相关机构的关注，除了很多人熟知的金融领域，区块链在很多其他行业中的应用也逐步展开。区块链系统为人类社会生活提供了不同于传统中心化组织和中心化治理的另外一套架构。如何让这套信息技术架构更好地为人类社会生活服务，不仅取决于技术的进步，而且取决于对业务的理解和想象力。

盗版现象能否绝迹，爱心捐款如何追踪去向，“阳澄湖大闸蟹”怎样确认真的产自阳澄湖，这些看似难解的问题，区块链都能给出答案。那么，区块链究竟该如何作用于产业，作用于哪些产业，又会带来哪些应用价值呢？在笔者看来，区块链将赋能所有产业，但其价值发挥点在于具体的应用场景和业务环节。

4.3.1 区块链落地应用的特殊性

区块链无论是在技术构成还是在场景应用方面，确实与一般的信息技术不同。区块链如何应用、如何产生价值是令很多人疑惑的地方。

1. 区块链应用必须与具体业务场景结合

区块链的链上数据全网一致性分发和冗余存储，将会带来资源的极大消耗。因此，区块链的应用一定是局部的，而不是全局的。受带宽、存储和计算资源局限，区块链无法直接支持大规模数据量应用，也难以处理高并发应用。区块链这些技术上的局限决定了它的应用一定是定制化应用，而不是普适性应用。

区块链在与应用场景的结合上与5G、云计算、大数据、物联网等技术有很大不同。5G、云计算、大数据、物联网等技术可以很少或基本不考虑业务应用场景，但区块链必须深入到具体业务应用场景和环节。因为只有具体的业务应用场景才能决定哪些数据需要上链，哪种类型的数据需要上链，这些数据将在什么范围内对谁公开透明，数据或节点被破坏到什么程度系统还必须能够正常运转。这一系列系统层面的功能设计只能取决于应用场景，而不能取决于技术实现能力。

2. 区块链带来的收益并不直接可观

区块链系统运行安全可靠，链上数据公开透明且不可篡改、不可伪造，这些都需要消耗大量资源才能实现。区块链系统存在的前提是交易主体间互不信任，同时也不存在可信第三方这一假设。而现实生活当中，存在可信第三方已经成为一个理所当然的事实，那么是否可以通过传统技术手段，外加可信第三方的强监管来替代区块链的解决方案，以节省资源、简化设计呢？

即使不存在可信第三方，区块链系统在特定范围内实现的系统安全可靠运行，链上数据公开透明和不可篡改、不可伪造，又会给各参与方带来哪些可见的直接收益？毕竟即使在传统互联网上，也不是每个数据都需要进行多方认证。新的信息系统建设不用区块链到底行不行？

互联网应用于具体场景带来的收益是直接且可观的，例如互联网应用到传统产业，我们可以直观地看到互联网的应用在短时间内就提高了传统产业的效率，降低了成本。但区块链带来的收益并不如互联网应用带来的收益那样迅速和直接。区块链系统运行需要消耗大量的资源，前期投入远比互联网的投入大得多。区块链系统与业务场景的匹配方式也需要不断地适应调整，调整所需的时间也是不确定的。另外，区块链技术的应用，并不是能为所有参与方都带来收益，甚至还有可能会损害某些主体的利益。

4.3.2 应用于两方的区块链场景

这里的两方是指两类不同的行为主体，而不仅仅指两个行为主体。在两方互不信任的情况下，既有可能可信第三方缺失，也有可能第三方权威性不足，这两种情况下就需要使用区块链。

1. 可信第三方缺失

由于两类行为主体互不信任，同时缺失可信第三方，有必要通过区块链技术实现历史信息的存证。

比如，大多数人都有在健身房或理发店办消费卡的经历。在这个场景中，健身房或理发店是其中一方，每个办卡的消费者是另外一方，双方是纯粹的服务提供者与服务消费者的关系，其中不存在强的信任关系，同时也不存在双方都可以信任的第三方。

在办卡之后，我们在健身房或理发店的一般消费情形是，每消费一次，健身房或理发店等机构直接在他们的记录本上扣除个人对应的次数、时间或费用。普通消费者一般不会再单独记录自己的消费情况，因此就有可能存在健身房或理发店多扣次数、时间或费用的情况。即使消费者个人有记录，由于这个记录缺少健身房或理发店这一类机构的认可，同时也没有可信第三方的认可，即使我们的记录和健身房或理发店的记录不一致，仲裁也很难认定我们的记录就是正确的。

这就是区块链需要发挥作用的场景。每次消费时，消费者和健身房或理发店一类的机构都对消费情况进行签名认证，之后将消费情况上传到区块链系统中。因为这次消费情况经过了双方的认证，所以任何一方都难以再对消费情况进行更改。同时由于消费情况也上传到区块链系统中,任何人或组织都难以对其中的数据或节点进行破坏。区块链通过这一系列的技术手段保证了链上数据的安全可靠和真实可信。

这个系统不采用区块链是否也可以实现呢？当然可以。由 CA（Certificate Authority，证书授权中心）机构为健身房或理发店颁发一个 CA 证书，每个消费者也颁发一个 CA 证书，在每次消费时双方对消费情况签名认证，之后将消费情况记录除了上传到健身房或理发店等机构的设备中,还需要上传到一个可信第三方的服务器中，既保证数据不被篡改和伪造，同时保证数据不能被删除，服务器节点不能被破坏，以保证消费者可以实时访问并查验数据。从资源节约角度来看，这个系统与区块链系统到底哪个更节约资源，可能还需要进一步论证。

类似的场景还有很多，比如私人借贷。多数时候私人借贷可能有一张借条，但有的时候可能连张借条都没有。因此，在出现纠纷时可能会出现公说公有理婆说婆有理，无法验证事实真伪的问题。如果通过区块链系统将经双方签名后的借贷情况上链，就可以有效减少甚至杜绝这方面的纠纷再次发生。

2. 第三方权威性不足

一些第三方机构的设置，比如公证处，本身就是以国家机关的公信力作为背书，对事件的真实性给予法律层面的认可和证明。但受自身的职能、人员等因素所限，公证处只可能对一部分事件进行公证，而不可能对所有事情都进行公证，更不可能对所有事情的来龙去脉亲自进行调查。而且在涉及重大经济利益时，也存在具体公证人员被收买的可能。

因此，对公证处无法在事后进行公证的事项，在事件发生时由相关人员对事件情况签名认证后上链保存，可以在后期产生纠纷时作为证据。对一些涉及重大经济利益或其他利益的事项，如果在公证处进行了公证，同时再辅以区块链技术对事件进行多重认证后上链存储，就会成为强有力的证据。

银行与企业之间的对账也是同一类型的应用场景。银行在这个场景中既是当事人，也是第三方。由于多种因素，银行自身的权威性不足，可信程度不高。如果企业与企业在发生每笔交易时，先通过交易双方对交易情况签名认证后上传到区块链系统，银行则可以依此直接对企业间交易数据进行清算结算，而不再需要烦琐的每月对账了。

此外，一些社会机构或社会组织也面临同样类型的应用场景。社会机构或社会组织既是行为主体，也是第三方。如果社会机构或社会组织每次活动中的相关信息都经相关利益人签名认证之后上链，实现组织治理数据的公开透明，则可以起到自证清白、提升组织可信度的作用。

以上几个场景要达到的真实可信效果，通过传统互联网 + 可信第三方也可以做到，但要确保可信第三方的真正可信，在技术以及落地实施上又存在相当的难度。区块链系统在落地实施方面增加了运营成本，但通过对数据的多方认证和最大程度的一致性分布式冗余存储，带来了各方可信程度的提升，也可以有效规避内部人作案及由此带来的对组织可信性质的破坏。

4.3.3 应用于多方的区块链场景

两方由于互不信任、可信第三方缺失或第三方权威不足，需要通过区块链实现真实数据的存证，还要通过区块链数据的全网一致性分发和冗余存储，保证数据和节点的安全可靠。

多方的应用场景相对要更加复杂一些。多方行为主体由于互不信任以及利益不一致，同时可信第三方缺失或第三方权威程度不足，出于数据存证需要，要确保交易数据公开透明、不可篡改、不可伪造以及数据和节点的安全可靠，此时需要使用区块链。即使是存在可信第三方的情况下，使用区块链也可以带来额外的收益，即通过区块链系统可以实现业务流程的优化，带来远不止区块链数据存证的好处。

前面我们举过学校或小区物业管理中的设备管理的例子。很多人认为这个系统可以完全不用区块链，传统互联网也可以做到。通过给设备加载传感器，将设备状态写到互联网的中心化数据库中，数据库数据对所有人开放“读”的权限，同样可以达到我们使用区块链系统的效果。

以上分析有道理。但使用区块链与使用互联网的区别在于，如果使用了区块链，可以实现该系统的去中心化运行和系统的集体维护。如果这个区块链系统运行下去，我们会发现，设备管理中心这个机构在系统中是没有存在的必要性的，也就是说可以将其去掉。但如果不采用区块链技术，而是采用传统互联网 + 中心化的数据库技术，设备管理中心这个机构将一直存在。

在这个系统中，区块链系统增加了运营成本，但减少了人力支出，带来了额外的效益。仅仅通过传统互联网 + 物联网 + 中心化数据库，确实可以提高效率，但无法实现业务流程的优化，更不可能去掉设备管理中心。

当然，很多多方之间的应用场景的业务逻辑远比这个案例复杂。但只要深入下去，一步步厘清每个业务场景的数据归属和流转、每个行为主体的行为逻辑，应用区块链来达到总体上效率提升的效果是可以预测和预期的。

4.3.4 区块链产业化应用不应规避监管

区块链在技术上具有去中心化运行、点对点直接交易、系统集体维护的特点，因此其落地实施自然就存在去监管化的可能，将监管机构当作一般的中心化机构一并去掉。

去中心化运营和系统集体维护，是区块链底层技术层面的特点，而监管是业务层面的内容。技术规则需要服务和服从于业务规则。当业务层面可以删除某一个或某几个监管环节的时候，当然可以通过区块链底层技术去掉这些监管环节。但如果业务层面的监管不能被删除，就不能因为区块链具有去中心化运行和系统集体维护的特点而去掉监管这个看起来类似于中心化的机构。

因此，在设计区块链系统的时候，我们必须将业务层面的监管作为一个核心环节考虑在内。当前区块链系统的很多应用，尤其是区块链在金融领域的应用，规避了监管这一重要环节。比如摩根币系统是应用于摩根大通集团内部的跨国机构客户间、通过代币实现的实时清算结算系统。它固然实现了点对点交易，提高了系统效率，但却规避了各国海关监管。如果摩根币链上数据不对各国海关开放，就有可能成为暗网交易、洗钱等地下活动的新通道。即使摩根币链上数据对各国海关开放，也会使原来各国海关对跨国贸易的事前监管变成事中监管和事后监管。

当然，传统监管体系存在很多弊端，远落后于时代发展，需要通过技术，尤其是区块链这一新兴技术，做出全面的调整和改变，一些阻碍流通和自由发展的已被证明为不必要的监管应该从现有的监管体系中删除。那些被历史发展规律和事实证明必须存在的监管内容也需要调整和更改监管方式，以适应技术和时代的发展，包括可以通过技术手段实施更加有效的监管，而不是僵硬地维持原有的监管方式和监管手段。例如在区块链业务体系中，根据业务场景需要，监管方也应该作为关键业务方之一，对必要的交易内容签名认证，以保证交易内容的合法合规；甚至必要的时候，监管方要具有一票否决甚至冻结资产和冻结交易的能力和权力。

区块链赋能产业，不是简单生硬地用区块链技术去匹配现有的产业逻辑和业务场景，以提高产业效率；也不是全面调整现有的产业逻辑和业务场景，去适应区块链技术。产业逻辑、业务场景以及区块链理念和技术，一定是一个互相调整和适应的过程。同时，在具体场景的落地应用方面，也不可能仅仅使用区块链这一套技术，而必然是区块链与其他技术共同赋能产业，在技术与产业的结合点上既调整产业逻辑，也调整技术逻辑，共同作用于具体的业务场景，以全面提升系统效率。

除了金融领域，区块链已开始在政务、版权、供应链、医疗等多个领域开始发挥作用，区块链技术的重要性越来越凸显，未来将有更多的应用场景被开发出来。随着越来越多区块链系统应用落地，区块链无论是在微观层面、中观层面，还是在宏观层面的价值也将得以充分显现。区块链在信任环境建立、可信组织治理、业务流程优化方面的作用也将逐步得到发挥。

4.4 区块链场景应用面临的风险

区块链是涉及多方的开放系统，早期的应用又与虚拟货币相关，这暴露了区块链系统内含的和面对的风险，以及经过实践验证的各种安全措施。但区块链在真实世界的大规模应用尚未展开，因此区块链内含以及面临的风险暴露得尚不完全，预防措施也不完善。

区块链场景应用面临的风险主要来自两个方面，一方面是区块链系统自身存在的风险，另一方面是区块链具体应用面临的风险。

区块链系统是构建在互联网架构上的系统，互联网存在的风险，区块链系统同样存在。此外，区块链系统还存在一系列自身独有的技术风险，比如智能合约的漏洞，对共识机制的攻击，对跨链和预言机数据的攻击……此外，区块链系统节点从功能到数据高度同质化,在受到病毒及类似攻击的时候,这种同质化既会简化攻击的复杂程度，也会加大这种攻击给区块链系统带来的可能危害，而不是像部分专家所说的区块链是多节点同质化系统，攻击需要突破每一个节点才有可能对系统造成危害。

区块链面临的风险与区块链的技术特点、应用领域和具体的应用场景直接相关。从技术特点来说，区块链的链上数据全网同步传输、高度冗余存储和去中心化运营，这些特点使得监管机构难以对区块链系统做到有效管控；链上数据和合约代码难以修改，这使得即使发现错误，也难以更正。此外一些区块链系统，例如公有链普遍实施了匿名，这无疑加大了对区块链系统的管控难度。

在应用方面，区块链系统经常被应用于一些非合规领域，这对社会的整体秩序带来了极大的冲击，对社会的整体利益也造成了损害。区块链系统在具体应用上有可能带来经济方面和社会方面的风险。在经济方面，比如比特币等虚拟货币对现有货币体系的挑战，ICO（Initial Coin Offering，首次币发行）、IEO（Initial Exchange Offerings，首次交易发行）、IMO（Initial Miner Offerings，首次矿机发行）等非法融资行为对金融秩序的冲击；在社会风险方面，比如非法或不良信息通过区块链系统进行传播，由此给整个社会秩序带来的危害。此外，由于区块链系统落地必然要与其他技术相结合和融合，从技术层面来看，区块链系统与其他技术的结合融合，也有可能会带来潜在的技术层面的风险。

此外，在产业应用方面，公有链系统的非准入性、去中心化运行，以及区块链链上数据公开透明、不可篡改等特点，使得公有链系统的匿名性成为必然。如果公有链不采取匿名机制，以上几个方面的特性就会使得公有区块链系统失去绝大部分用户。但也正因为公有链的特点，为公有链在产业应用方面带来一系列监管和治理方面的难题。

而联盟链的准入性要求、去中心或多中心运行以及链上数据公开透明、不可篡改在无形中使得联盟链内的所有节点形成了一个封闭的强一致性网络，为这些节点所代表的机构或组织成为托拉斯[①]或康采恩[②]式的垄断组织奠定了技术上的基础。同时，这也使得外部的监督监管和处理成为难题。

在对区块链系统风险和应用风险的防范方面，一方面可以制定技术标准，构建针对区块链系统和应用的事前、事中和事后的监测、监管、监控技术体系；另一方面从完善法律法规着手，针对区块链在各行业应用可能存在的风险，从法规、法律层面进行管控。除了针对区块链在不同行业应用可能面临的风险在法律法规层面进行规范，还有一个极其重要的方向是群防群治。区块链是一个多方协同合作的系统，因此有必要充分挖掘去中心化运营和系统集体维护机制内含的潜在力量,形成高效的共识机制，激励各方从风险防范角度共同维护系统的正常运营，以便尽可能早地发现和堵塞区块链系统存在的漏洞，防范各种风险。

而对区块链产业应用方面可能存在的问题，除了采用零知识证明、安全多方计算、隐私计算、全同态加密、联邦计算等前沿技术，区块链还有待在架构方面做出较大改变，比如开放联盟链系统架构、带权限设置的公有链架构以及共识机制的丰富和进一步拓展。

---

① 托拉斯，英文 trust 的音译，是垄断组织的高级形式之一，由许多生产同类商品的企业或产品有密切关系的企业合并组成，旨在垄断销售市场、争夺原料产地和投资范围，加强竞争力量，以获取高额垄断利润。

② 康采恩，德语 Konzern 的音译，原意为多种企业集团，是一种规模庞大而复杂的资本主义垄断组织形式。它以实力最雄厚的大垄断企业或银行为核心，由不同经济部门的许多企业联合组成，范围包括数十个以至数百个企业，是金融寡头实现其经济上统治的最高组织形式。

第5章

区块链与数字货币

诞生于2008年全球金融危机背景下的比特币，成为当前几乎所有数字货币的先驱。无论是之后的以太币，还是在2017年ICO盛行之时由知名或不知名机构或个人发行的数以万计的各种代币，抑或打通各种代币与法币通道的稳定币，直至当前全球各大央行发行的央行主权数字货币，都是区块链背景下的重大事件的体现，与区块链有着或明或暗、或直接或间接的关系。这里既涉及了货币理论和实践方面的问题，也涉及区块链及相关的技术问题。

5.1 货币的产生及演变

5.1.1 货币产生的两种解释

一般的教科书将货币定义为“度量价格的工具、购买货物的媒介、保存财富的手段，是财产的所有者与市场关于交换权的契约，本质上是所有者之间的约定”。这个定义包含了货币的三大职能，即“交易媒介”“记账工具”和“价值储藏”。

这个定义听起来比较拗口。不过我们可以想象一下，如果生活中没有货币会怎么样，或者反过来说，货币是如何产生的呢?

1. 一般等价物理论

关于货币产生的通常解释就是教科书中描绘的人类早期阶段的以物易物。这种以物易物，从交易开展上来说极不方便，交易对交易的商品种类和数量也缺少内在的一致性。

这种不方便表现在方方面面，也包括不易携带。不像现在，人们走到哪里，只需要带着手机，甚至不需要带手机，可以采用人脸支付方式。但在以物易物的年代，如果进行交易，就需要带上一件或几件具体的物品，这种交易的范围受到很大的限制。

另外，还有时间方面的限制。有些商品或产品是有一定的保质期的，过了保质期，商品或产品就坏了，没有了使用价值，自然也就没有了交换价值。尽管人类进入工业社会后，通货膨胀现象始终存在，但货币易于保存，可以跨越时间、空间存在。

再有就是不同物品之间的兑换关系是不确定的。到底是两头牛换3只羊，还是两只羊换3头牛，没有标准。

还有财富的储藏问题。我今天有几个西红柿，但我不想吃，如果能够与其他人交换，交换成易于保存的商品，那么，我就能够在一段时间内储存财富。如果交换不出去，这几个西红柿可能会坏在我手中。这种现象在经济学上称作租值消散。

类似的事情太多了。这就是教科书中描绘的货币的起源。由于这种方式非常低效，后来人们试图找到一些便于携带、易于分割、具有一定稀缺性等属性的商品作为一般等价物。在这中间经历了以贝壳或其他一些商品作为货币的历史，但最后人类社会基本上将这种一般等价物归结为黄金和白银。

2. 债务理论

虽然考古学从来没有发现人类社会中存在以物易物的证据，反倒是有证据表明，货币的起源不是来自以物易物，最后形成统一的通用货物（也就是通货）而是来自欠条，也就是债务[①]。

张三有两头牛，但是他想吃羊怎么办呢？不是拿自己的牛去换李四的羊，而是直接从李四那里借一只羊，写一张欠条，什么时候张三有羊了，再把羊还给李四，把自己的欠条要回来。这种欠条，一开始只在张三和李四之间流通。后来，随着交易范围逐渐扩大，李四需要交换王五的某件商品，就用张三打给李四的这张欠条到王五那里兑换相应的商品。随后，王五再拿这张借条到张三或其他人那里兑换成其他商品。

这其中基于的是个人信用。随着交易范围逐步扩大，个人信用逐渐扩展为部落信用，最后扩展到国家信用。这是考古学在货币起源方面的发现。

随着交易范围的扩展，这种信用越来越强，而且信用随之超越具体的商品层面，开始给不同的商品定价，进而形成了今天的货币。

---

① 可参阅香帅的北大金融学课“货币真的起源于物物交换？”。

当然，货币一旦由个人信用扩展到国家信用，国家就会因为各种问题产生通货膨胀，降低货币的内在价值。因此，哈耶克晚年才会想到为什么货币这么重要的商品要由国家来统一安排生产和定价，而不是通过市场竞争来产生最优的信用，这也是哈耶克的《货币的非国家化》产生的背景。

5.1.2 货币与经济的关系

关于货币与经济的关系有各种比喻。有的把货币比喻为经济生活的血液，经济就是骨骼和肌肉，货币在经济生活中流通，促使经济保持和散发活力。

如果没有货币，也就是如果不存在国家信用，回到个人信用时代或部落信用时代，或者以物易物时代，经济生活的效率将会非常低。尽管国家信用存在各种各样的不足，但 2017 年和 2018 年出现的 ICO 给我们提供了丰富的个人信用或小范围组织信用的反面例子。所谓 ICO 就是个人或小团体以个人和小团体信用为依托发行的“货币”，但我们回头再看一下大部分项目 ICO 发行的各种通证，它们的价值又在哪里呢？因此，货币的发行，不仅仅是信用问题，同时还是一系列的制度保障。以 ICO 方式发行的各种通证，既没有信用担保，也没有相应的制度保障。

如果货币供给量少于经济体系流通需要，就会带来通货紧缩，经济将会一片萧条。正如朱嘉明老师在《从自由到垄断——中国货币经济两千年》前言中指出的，尽管我国历史上的秦王朝灭亡有各种各样的原因，但其根源在于货币方面。秦王朝统一后实现了货币统一。但随着王朝疆域不断扩大以及和平年代经济交易活动频繁，当时通过铸币生产货币的速度赶不上交易对货币需求的速度，由此带来了通货紧缩，这极大地抑制了经济发展，最终导致秦王朝后续一系列政策和统治方式上的调整。

如果货币供给量大于经济系统流通需要，就会带来通货膨胀，同样会带来巨大灾难。直接的结果是货币贬值，更深层次的影响则是人类现代史上出现的几次大萧条。无论是 1929 年的美国大萧条，还是 2008 年的全球金融危机，都与货币投放有着非常紧密和直接的关系，甚至可以说就是货币的过量供应和有毒资产在无监管环境下的多级衍生带来的。

由此也可以说，货币与经济的关系，类似于水与船的关系。水可载舟，亦可覆舟。

但如果没有水，舟也就根本不成为舟。

再往深分析，我们还可以发现，货币是经济生活中多种关系的综合载体，也是多种关系的综合表现和关系总和。货币既是经济体中各种元素的连接，也是一系列制度组合。

5.1.3 内生货币的内在矛盾与外生货币

如果货币是一般等价物，那么这个“物”一定是经济体系中本来就存在的物品，有它自身的内在价值。用这个“物”来充当整个经济体系交易流通的媒介，就要求用这个“物”来为整个经济体系定价，由此会带来这个“物”自身价值与其价格的严重背离。

因此，即使是从以物易物阶段演化为一般等价物这个历史历程来推导，我们也会得出人类货币必然由内生的一般等价物演化为外生货币这一结论，即货币的载体一定要外在于整个经济体系，进而为经济生活提供流通和定价功能。这也是黄金不可能永远具有人类经济生活中货币职能的一大原因。

钟伟所著的《数字货币——金融科技与货币重构》一书从信用和载体两个维度考查货币的发展，具体结论为，随着人类社会的发展，货币背后体现的信用越来越强，但其载体却越来越轻便。因此，货币从金银到纸币，到电子化的货币，再到未来的纯数字货币，也是货币自身发展的内在趋势和必然逻辑。

5.1.4 虚拟货币与数字货币概念的界定

我们经常笼统地说“虚拟加密数字货币”，有时也简称“虚拟货币”“加密货币”或“数字货币”，但大部分人对其内涵及外延缺少分析和界定。

首先，“虚拟”是指该货币并没有资产做价值支撑或价格锚定。例如比特币和以太币就没有相应的资产做价值支撑，因此比特币、以太币是虚拟货币。各国央行发行的数字货币是主权信用货币，其背后是国家主权在做价值支撑，因此各国央行发行的数字货币不是虚拟货币。

其次，“加密”是实现货币发行、支付和清算结算的技术手段。以纸币为代表的传统货币发行、支付和清结算基本上没有用到密码学技术，因此不能称其为虚拟货币。以比特币为代表的区块链货币用到了丰富的密码技术，因此比特币、以太币这些货币是虚拟货币。各国央行发行的数字货币是否用到了密码学技术，能否称为虚拟货币，还有待进一步观察。

最后，“数字”是货币存在的形式，或者说是货币依附的载体。金银以及传统纸币不是数字货币。比特币、以太币是数字货币。各国央行发行的数字货币是数字货币。但纸币后期出现的以电子方式支付、通过银行或清算所等机构实现电子化清结算的货币是否是数字货币，还有待在概念上进一步厘清。

5.1.5 黄金的世界货币地位受到挑战

布雷顿森林会议之前，英国经济学家凯恩斯和美国财政部副部长怀特关于学术上的一个争议点在于要不要坚持金本位。凯恩斯坚决反对金本位，因为坚持金本位，英国在 20 世纪二三十年代经历了严重的经济危机。怀特坚持金本位，除了当时美国占有全世界黄金总量中的 78.6%，这其中既可能是传统认知，也可能是把黄金作为美元通向未来世界通用货币的一个过渡。

但黄金以及类似黄金这种总量基本固定的物品是不可能一直作为货币的。

布雷顿森林货币体系解体以前，黄金一直是事实上的世界货币，或者直接就是世界货币，或者是金本位制背后的被锚定物。但近代以来随着工业和经济贸易的飞速发展，黄金难以再承载其作为世界货币的职责。即使美元不与黄金挂钩，而是直接将黄金作为世界货币，由于其产出和流通数量难以匹配经济发展需要，必然导致通缩。这也是 20 世纪 70 年代美元不得不与黄金脱钩的内在因素之一。

那么为什么历史上那么长时间，黄金能够一直作为世界货币呢？笔者认为，主要是人类历史的几千年时间里经济发展几乎停滞，进而经济总量几乎没有变化或只有少量变化，而黄金总的产出量与流通量也只有少量变化，因此才能够做到商品价格基本稳定，黄金也才能在几千年人类历史中充当一般等价物。

但第二次世界大战后，世界经济和贸易飞速发展，为此经济体需要具备流动性，但由于黄金本身的特性，短时间内世界范围内不可能额外生产出大量的黄金，因此黄金只能退出世界货币历史舞台，成为避险或投资工具。

5.2 比特币的价值逻辑

5.2.1 比特币价格的决定因素

早期的比特币不具有任何价值，但有一定的价格，其价格取决于挖矿所消耗的电费。后期比特币有了其他用途。无论这种用途是否合法，有用途就有存在价值，进而产生对应的价格。目前以太币具有一定的使用用途，例如可以借入或借出，或者用作某些零售商和服务商的支付方式等。

货币获得价值的前提是基于其存在一定范围内的共识，而价格的产生和形成则是共识的扩展。比特币共识人数的多少和信仰的强弱，决定了比特币的前途。共识人数多，信用基础强，这种货币就有可能成为全球货币。但比特币的固定上限总量恒定设计，扼杀了其成为全球货币的可能性。如果共识人数少，比特币也可能只是在局部范围内流通。此外，如果共识强，这种共识也可以带动更多人形成更大范围的共识，形成正向反馈；反之，如果共识比较弱，到最后也可能导致人们对数字货币的信仰消亡。

除信仰之外，货币的共识强弱也与用途息息相关。如果一种货币有更广泛的应用，其共识自然就强。如果这种货币用途狭窄或根本没有用途，那么人们对这种货币的共识必然减弱，甚至共识消亡。

基于以上分析我们可以发现，针对比特币未来的发展情形，政府的态度至关重要。如果政府允许甚至鼓励比特币流通和交易，比特币形成强共识的可能性就大，这也有利于比特币的发展。需要注意的是，这种政府管制，不仅仅取决于某国的政府，在全球化的今天，一定是全球各国政府的合力。如果各国政府意见或态度不一致，或压力不均衡，就会造成比特币在全球使用和流通的不均衡。

比特币未来价格波动的判断可以基于一些关键指标：一是供求关系，二是挖矿成本，三是可能用途，也就是价值支撑点。从供求关系角度看，尽管比特币、以太币等大部分数字货币供应的速度在降低，但总的供应数量仍在增加，在其他条件不变的情况下，其价格应该下行。从挖矿成本角度看，全球范围内的算力竞争由于受到碳达峰、碳中和的影响，存在极大不确定性，这也会直接影响比特币的挖矿成本。从用途看，这个指标是最难判断的，至少目前我们还不能清晰地看到比特币对应的应用场景。比特币的可能用途直接关系到供需的需求端，但其用途还与政府打压程度息息相关，因此其价格涉及多个因素，这些因素之间的关系也不是线性关系，有可能呈现多元非线性变化。

5.2.2 比特币的价值

我们认为，比特币如果能够找到相应的使用用途就有价值，如果没有找到对应的使用用途就没有价值。

那么，什么是使用用途？成为货币是比特币系统设计的初衷，当然也是一种使用用途。但比特币自身固定上限设计是其难以成为货币的制约因素之一。如果比特币的共识扩张，形成强信用，比特币的价格就会强烈上涨，导致大部分持有者惜币而不参与流通，进而有可能使得比特币最终成为一种资产，而不是货币；如果比特币的共识得不到扩张，那么比特币的价格反倒有可能维持一种动态平衡；如果比特币的共识崩塌了，其价格自然缩水，就会形成强烈的负反馈，最后也有可能价格归零。

那么比特币的价格到底是基于供需，还是其他？如果比特币的价格没有共识和信用基础，仅仅基于供需，那么比特币是一种资产，而不是货币，其资产价格还是取决于它的使用用途。

应该说，比特币一开始不具有任何价值，但有一定的价格。比特币一开始的价格是挖矿所消耗的电费。有人计算过，2009 年挖出 1 枚比特币需要花费 0.5 分钱，这个价格是由成本决定的。后来又有 25 个比特币换 2 个披萨的故事，那么这个价格是由交易发现的。

5.2.3 比特币成为货币的艰难之路

我国将比特币认定为虚拟商品，规定金融机构和支付机构不得开展与比特币相关的业务。基于货币理论和货币发展历史，我们可以判定，我国在可预见的未来不可能将比特币认定为货币。

第一，比特币设计初衷定位为数字黄金，但自从布雷顿森林体系解体，黄金不但不是货币，而且也不再是货币的价值锚定物，仅仅是一种特殊商品。黄金在全世界范围内退出货币历史舞台，是与当代人类交往范围急剧扩大、经济活跃程度加速上升有直接内在关系的。因此，比特币从内在属性上是不适合再认定为货币的。

第二，货币作为价值尺度、流通工具、支付手段和贮藏手段，要求其价值相对稳定，而比特币总量恒定，不可能随外界需求变化而对其数量进行调控，难以保持价值稳定。

第三，全球早已经进入到主权信用货币时代，货币从最初的个人信用逐步扩展到国家信用。铸币权成为国家主权的一部分，铸币税也成为主权国家收入的一部分。任何对铸币权的挑战，都是对国家主权和国家利益的挑战。比特币没有任何主体信用依托，本身就是对国家主权的挑战，也是对国家铸币权和铸币税的挑战。从维护国家主权和国家利益角度，国家也不会允许其作为货币存在。

5.3 央行数字货币的机理和运行模式

5.3.1 央行数字货币

货币形态在不断变化中发展。

在历史的绝大部分时间里，货币形态的演变相对缓慢，但近些年不断涌现出新的货币概念和货币形态。自 2009 年中本聪创造比特币之后的十余年间，市场上雨后春笋般地出现了数千种加密数字资产，如数字货币、稳定币、密码代币、通证、空气币、传销币等。同时，互联网技术的发展，使电子货币、虚拟货币等新型货币逐渐进入人们的视野。

数字货币是以数字形式存在并基于网络记录价值归属和实现价值转移的货币。国际货币基金组织称之为“价值的数字表达”。数字货币的概念范畴十分宽泛，几乎可以涵盖目前所知道的各类电子货币、虚拟货币和央行数字货币。

现在很多人会将数字货币与比特币等虚拟货币混为一谈。但实际上，两者不是简单的等同关系。从概念范畴上说，虚拟货币包含于数字货币的概念中。虚拟货币是基于区块链等架构下的加密技术而创建和发行的货币。比特币、以太币、EOS 等都是虚拟货币。

央行数字货币是法币的数字化形式，是基于国家信用且一般由一国央行直接发行的数字货币。国际清算银行在关于中央银行数字货币（Central bank digital currencies，CBDC[①]）的报告中，将央行数字货币定义为中央银行货币的数字形式。需要注意的是，央行数字货币不一定基于区块链发行，也可以基于传统中央银行集中式账户体系发行。

由央行发行的法定数字虚拟货币，依靠国家信用背书，与传统法币具有相同的币值和无限法偿的性质，解决了私人数字货币资产价值信任问题，同时具备记账单位、交易媒介和价值贮藏的货币功能。而且，与传统法币相比，区块链技术实现的点对点支付方式，使支付、结算更为便捷，保存也更为安全，在交易媒介和价值贮藏方面优于传统法币；与银行存款相比，数字虚拟货币在储蓄和现金之间转换成本更小，同样在交易媒介和价值贮藏方面更有优势。

表 5-1 从几个不同维度给出了当前几种典型“货币”的比较。

表5-1　当前几种典型“货币”比较

类别	发行机构	利息	央行负债	资产储备	无限法偿	记账单位	交易媒介	价值贮藏	匿名
现金	中央银行	无	是	国家信用	是	是	是	是	是
CBDC	中央银行	无	是	国家信用	是	是	是	是	是
比特币	挖矿获得	无	否	无	否	否	是	是	是
摩根币	摩根大通银行	无	否	美元+摩根大通银行信用	否	否	是	是	是
Libra	Libra协会	无	否	“一篮子”货币+联盟信用	否	否	是	是	是

注：CBDC作为央行数字货币原则上应该没有利息，但不同国家可能会有不同的安排。尽管Libra目前已经没有推出的可能，但作为一种探索，仍有其理论上的研究意义，因此此处也将其作为比较对象。摩根币和Libra在理论上是可以作为内部记账单位使用的。

① CBDC 是国际货币基金组织 IMF 对全球所有央行数字货币的统称。

5.3.2 中国人民银行数字人民币

中国人民银行从 2014 年开始成立专门研究小组研究法定数字货币，到 2018 年已经趋于成熟，而且在 2019 年 8 月 Libra 引发全球央行热议时“呼之欲出”[①]。2020 年深圳、苏州、成都、雄安等地开展内部封闭试点测试。2020 年 10 月，个人数字人民币钱包首次在大众面前亮相。

中国人民银行数字人民币是数字化的人民币，主要改变的是货币形态、发放方式和支付结算方式，货币本身属性并没有颠覆性变革，变革最大的是货币的支付结算方式。

当前中国人民银行推出的数字货币重点是替代 M0 而非 M1 和 M2，简单而言就是实现零钱发行和支付的数字化。

中国人民银行数字人民币是法定数字货币，它的诞生对区块链将产生重要的影响，尤其是链改。利用数字法币实施链改，会为链改带来更多的便利。

1. 中国人民银行数字人民币的投放模式

中国人民银行数字人民币的投放模式与纸钞类似。在纸钞模式下，中国人民银行印刷出纸钞之后，由商业银行向中国人民银行缴纳货币发行基金，然后将纸钞运到经营网点，向公众投放。中国人民银行数字人民币的投放模式为“双层运营体系”，如图 5-1 所示，上层是中国人民银行对商业银行或其他运营机构，下层是商业银行或其他运营机构对公众。中国人民银行按照 100% 准备金制将中国人民银行数字人民币兑换给商业银行，再由商业银行或其他运营机构将数字人民币兑换给公众。

采用双层运营体系，是要充分利用现有资源，调动和发挥商业银行的资源与力量。发行数字人民币实际上是一个繁杂的过程，如果采用单层投放体系，即由中国人民银行直接向公众发行和承兑数字人民币，将会让中国人民银行直接面对全国公众，这将给中国人民银行的人才、资源和运营等工作带来巨大挑战。商业银行和其他运营机构已经发展出比较成熟的 IT 技术设施和服务体系，在金融科技的运用和相关人才储备等方面已经积累了一定的经验，双层运营体系可以充分发挥商业银行等机构在资源、人才和技术等方面的优势，同时避免另起炉灶的巨大浪费。

---

① 2019 年第三届中国金融四十人伊春论坛上，中国人民银行支付结算司相关领导透露，从 2014 年开始，中国人民银行数字货币（DC/EP）研究已经开展了 5 年。

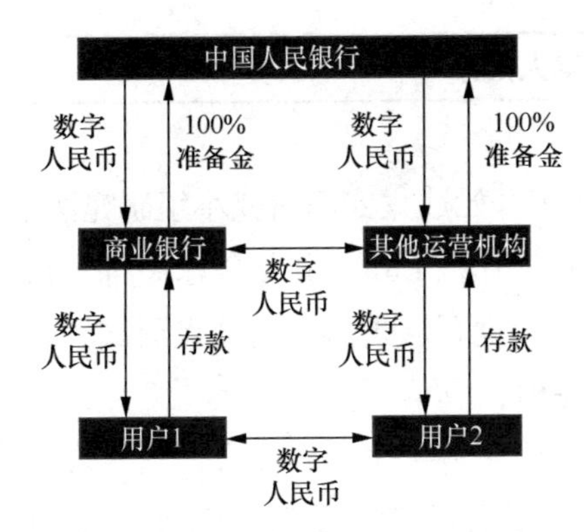

图 5-1 中国人民银行数字人民币的双层运营体系

相较于单层投放体系，双层运营体系可以适应中国复杂的金融货币运行状况，由各商业银行和其他运营机构基于业务发展状况，调整数字人民币运营过程中不适应和不完善的地方；可以保障现有货币体系中债务债权关系的纯粹性，中国人民银行数字人民币发行将被记为中国人民银行的负债，不会给现有银行货币体系带来重大冲击；可以将风险最小化，一旦个别商业银行在运营过程中出现问题，可以进行必要的隔离，把风险控制在最小范围；还便于开展市场竞争，让各商业银行在中国人民银行预设的轨道上进行充分竞争并形成最终的央行数字货币机制和体系。

2. 中国人民银行数字人民币的管理模式

不同于由分散的委员会管理的 Libra 或者大多数虚拟货币，中国人民银行的数字人民币采用中心化（中国人民银行）架构设计，实行中心化的管理模式，中国人民银行拥有绝对的控制权。

无论是从保证中国人民银行在数字人民币投放过程中的中心地位、强化数字人民币是中国人民银行对社会公众负债的角度，还是强化中国人民银行的宏观审慎和货币调控职能，或者保持原有的货币政策传导方式，均需要坚持数字人民币中心化的管理模式。

3. 中国人民银行数字人民币的技术路线

在技术的选择上，中国人民银行不预设技术路线，也就不会强制采用区块链技术。按照目前的设计，因为数字人民币将主要应用于小额零售高频场景，所以最为关键的就是满足高并发需求。根据中国人民银行官员透露的消息，定位于 M0 替代的中国人民银行数字人民币交易系统的性能至少在30万笔/秒的水平。当前的区块链系统很少能够满足这种性能要求。当然，这并不意味着区块链技术就无法运用于中国人民银行数字人民币系统。

因为目前中国人民银行采用技术中性原则，这意味着中国人民银行不会干预商业银行和商业机构的技术选择。无论下层选用区块链分布式账本技术还是传统账户体系，中国人民银行都能接受并适应。指定运营机构可以采取不同的技术路线做相关研发，谁的路线好，谁最终会被老百姓接受、被市场接受，谁就会最终跑赢比赛，这是一个“市场竞争选优的过程”。

总而言之，双层运营体系能有效保障现有货币体系中债权债务关系的纯粹性，中心化管理模式捍卫了中国人民银行在货币流通中的权威地位，为数字人民币提供无差别的信用担保，为其流通提供基础支撑，同时能够通过中国人民银行背书的信用优势抑制私有数字货币的市场流通，从而巩固我国货币主权。不预设技术路线则使商业银行的选择多样化，尊重市场选择并最终回归到以客户为中心的竞争中。

4. 中国人民银行数字人民币与区块链技术

2021年7月中国人民银行官网发布的《中国数字人民币的研发进展白皮书媒体吹风会文字实录》指出，“数字人民币支付体系的发行层，基于联盟链技术构建了统一分布式账本，央行作为可信机构通过应用程序编程接口将交易数据上链，保证数据真实准确，运营机构可进行跨机构对账、账本集体维护、多点备份。为充分体现数字人民币‘支付即结算’的优势，数字人民币体系结合区块链共识机制和可编程智能合约特性实现自动对账和自动差错处理。同时，利用哈希算法不可逆的特性，区块链账本使用哈希摘要替代交易敏感信息，实现不同运营机构间数据隔离，不仅保护了个人数据隐私的安全，亦可避免分布式账本引发的金融数据安全风险”。

5.3.3 数字人民币、比特币和Libra/Diem

1. 数字人民币与比特币的对比

首先，数字人民币和比特币的属性不同。数字人民币是法定货币，只不过在部分环节借助了区块链技术以数字形式呈现。比特币是一种商品或是另类资产，通缩性注定了比特币不适合作为货币，而且到目前为止比特币的支付功能也比较有限，更为广泛的应用场景是投机。

其次，属性的不同决定了数字人民币和比特币在币值、发行、结算、隐私保护等方面的差异。数字人民币由中国人民银行发行结算，具备稳定性和法偿性，而比特币不是由任何国家或其机构发行，而是由算法按特定挖矿规则产生，全球大部分地区也不认可比特币，不得随意使用比特币兑换外汇，而且价格波动剧烈。

最后，数字人民币的安全性由中国人民银行技术保障。因为没有完全照搬区块链技术，所以不存在区块链中区块节点中心化的问题，而比特币需要全网算力维护，抵御 51% 攻击和分叉风险，而且 ASIC 矿机的出现让比特币的挖矿算力越来越趋向中心化。

2. 数字人民币与 Libra/Diem 的对比

数字人民币和 Libra/Diem 存在本质差别。数字人民币是由中国人民银行发行的法定货币，是中国人民银行的负债，由中国人民银行进行信用担保，具有无限法偿性（即不能拒绝接受数字人民币），是现有货币体系的有效补充。而 Libra 是由 Facebook 领衔的 Libra 协会曾计划发行的一种未得到监管部门许可的数字货币。计划中 Libra 的价值与一篮子货币挂钩，但它仍在很大程度上会对现有货币体系造成冲击，挤占现有各国法定货币的使用空间。而在 2020 年 12 月，Libra 已经悄然更名为 Diem，Diem 的目标也变为推出单一美元支持的数字货币。如果 Diem 变为单一美元支持的数字货币，那么在发行和使用上 Diem 与目前广泛使用的 USDT/USDC 就具有了更多的同质性。目前我们还没有看到更多关于 Diem 的内容，因此暂且继续在理论上展开对 Libra 的对比分析。

另外，数字人民币仅用于替代 M0，不会涉及 M1 及 M2，不包含活期存款等任何其他货币形态，而 Libra 则计划涉及 M0、M1 甚至部分 M2 的领域。数字人民币采取与账户松耦合的方式，实现“双离线”支付，就算没有网络，收支双方也可以通过离线顺利完成交易，同时具有匿名性，而 Libra 必须在线认证，并且基于明确的账户概念。数字人民币主要由中国人民银行负责管理，Libra 则是由独立协会治理。

表 5-2 给出了数字人民币与比特币和 Libra 不同维度的对比。

表5-2 数字人民币、比特币、Libra的对比

类别	数字人民币	比特币	Libra
发行主体	中国人民银行	完全去中心化，基于密码编码和复杂算法产生	Libra协会
发行目的	维护金融主权并为公众提供更便捷和有保障的支付工具	建立点对点的电子货币系统	建立一套简单的、无国界的货币，为数十亿人服务的金融基础设施
信用基础	国家信用	—	储备资产的价值
使用范围	代替M0	—	代替M0、M1和部分M2
底层技术	不预设技术路线	完全去中心化的公有链	基于联盟链的稳定币
资产储备	商业机构向央行全额缴纳准备金	无真实资产储备	真实资产作为储备，对每个新产生的Libra虚拟货币都有相应价值的一篮子银行存款和短期政府债券
落地场景	主要用于小额零售支付、跨境支付场景	没有明确场景，已在零售、跨境结算等诸多领域落地	跨境支付等
目标用户	中国用户	全球用户	全球10亿人
监管形势	政府直接监管	无明确的监管机构	多国监管

5.3.4 关于M0

什么是M0？在现金支付年代，M0就是人们手中的现钞，包括纸钞和硬币。但当大家都在用微信支付或支付宝支付时，M0还存在不存在？可能很多人认为M0不存在了。

互联网上关于M0的定义有两个。其一，M0为流通中的现金；其二，M0为流通于银行体系之外的现金。那么，问题归结为，个人存在支付宝或微信支付中的零钱是不是M0呢？

笔者认为，这些钱还是M0，因为这些钱流通于银行体系之外，与原来的现钞作用一致，只是存在的形态不同罢了。这些钱原来是以看得见摸得着的物理形态存在，现在是以看不见摸不着的电子或数字形态存在，但性质并没有发生改变。

但个人放在余额宝中的钱不是M0，而是M1。因为钱一旦放在余额宝中就参与了银行家市场交易，进入银行货币管理体系，而不再游离于银行体系之外。

在一般个人使用层面，数字人民币与支付宝或微信支付没有太大区别，而且在一定程度上允许匿名交易。

5.3.5 数字人民币对第三方支付的影响

数字人民币全面推出，必然会极大挤压现有第三方支付的业务空间。

第一，经过前期微信支付和支付宝的教育，绝大部分中国人已经习惯电子支付，不会在使用习惯上排斥数字人民币。

第二，数字人民币原来名称 DCEP（Digital Currency Electronic Payment）中的 EP，就是电子支付的英文缩写，其推出的着眼点也是支付环节。

第三方支付未来的可能业务发展方向，一个是在数字人民币支付基础上进一步优化用户使用体验，另一个是基于不同的支付场景，做数字人民币支付业务的衍生和拓展。

5.3.6 数字人民币与多边央行数字货币桥

中国人民银行与泰国央行和阿联酋央行共同发起的多边央行数字货币桥研究项目，可能成为未来国际数字货币体系的一种重要形态。相比传统法币，各国央行数字货币的设计机制可选择性强，发展进度参差不齐，因此，新的国际货币体系需要考虑如何将不同形态、不同阶段的央行数字货币进行融合。

通过多边央行数字货币桥建立的共享统一标准的“走廊”网络，各国央行可以将本国数字货币在网络中发行存托凭证，实现在网络中的单账本交付。而对于没有推出央行数字货币的国家，其央行的法币结算系统也可以接入“走廊”网络。这种形态能够绕开以美元为基础的 SWIFT（Society for Worldwide Interbank Financial Telecommunications，环球银行金融电信协会）体系，对货币弱势国家的主权形成保护，同时有助于实现亲诚惠容的国际贸易合作。

多边央行数字货币桥需要参与的各国央行共同治理并协作制定标准，从这个意义上说，多边央行数字货币桥的参与方数量将受到局限，基于全球价值链的多中心格局，可能会出现“多桥并行”的货币体系新格局。数字人民币将零售型与批发型有机结合，有望成为这一新格局的领头羊，同时降低零售型 CBDC 直接点对点跨境支付的人民币对外风险敞口。

5.4 为什么稳定币难以稳定

稳定币设计在区块链的币圈是一项极其专业也极耗费脑力的理论和实践活动，其中的算法稳定币设计甚至被称为这一领域的圣杯。目前稳定币的发展如火如荼，但如果把其背后的理论梳理清楚，我们就可以从逻辑上得出结论，不仅稳定币的币值难以稳定，而且自身的地位也难以稳定。

5.4.1 稳定币要对谁稳定

目前出现的几种不同类型的稳定币，或者相对单一法币稳定，比如 USDT、摩根币；或者相对一篮子主权货币稳定，比如胎死腹中的 Libra；或者相对一篮子虚拟加密数字资产稳定，比如 Dai。这几种类型的稳定币并不是直接对社会中广泛流通的商品或服务的价格保持稳定，而是对其他货币或资产的价格稳定，是其他货币和资产的衍生。

虚拟加密数字资产本身就是一种无中生有的东西，既没有价值锚定物，又不存在内在的定价机制，更没有相应的法律制度作保证，其价格自然也谈不上稳定。因此，基于虚拟加密数字资产衍生的稳定币，其价格自然难以稳定。

法币购买力相对购买的商品和服务保持稳定是所有货币当局追求的目标，也是法币作为货币的内在要求。尽管有经济学家提出了通货膨胀目标制理论，但总体上还是要求法币具有对社会中广泛流通的商品和服务的购买力，也就是价格保持稳定，不可大起大落，既要防止通货大幅度膨胀，更要防止通货紧缩。

人类社会发展历史反复证明，货币的供给要与社会对货币的需求大体一致，否则货币就会以各种方式的副作用反馈于人类社会。但社会对货币的需求无从测算和衡量，所以只能归结到确保社会流通中的商品和服务的价格相对稳定。

因此，稳定币的最终目标应该是对社会中广泛流通的商品和服务的价格保持稳定，而不仅仅是对单一法币、一篮子法币或一篮子虚拟加密数字货币的稳定。如果稳定币锚定的标的物本身购买力都不稳定，稳定币的购买力自然更不稳定。除非稳定币永远只活跃在狭小的币圈世界里，不与人类的实际生产生活发生关联。

5.4.2 货币难以做到购买力稳定

法币能够做到购买力稳定吗？

人类能够生产的商品和提供的服务内容极其丰富，而且在不同时段人类生产的商品和提供的服务的品类、数量、质量也不完全相同，因此这些商品和服务在不同的时段形成了不同的内部供给结构。而人类对不同品类商品和服务在数量和质量方面的需求也时刻发生变化，所以人类对商品和服务的需求存在并不相同的需求结构。因此，即便是法币，也难以在供给和需求结构实时发生变化的情况下，对每一件商品和每一种服务都能够做到价格稳定。

锚定一篮子主权货币的稳定币或一篮子虚拟加密数字资产的稳定币，实际上也面临着一篮子货币或一篮子资产内部的数量变化和结构变动问题。如果这一篮子货币或资产中的不同货币和资产在数量上发生了变化，其内部结构也就发生了改变，不同货币或资产在篮子中的权重也相应地发生变化。因此，锚定一篮子货币或资产的所谓的稳定币，实际上也难以稳定。

上面的分析假设能够了解和掌握所有商品和服务在供给和需求方面的变化。但在实际生活中，我们根本不可能了解和掌握每一件商品和每一种服务的供给和需求变化，甚至连商品和服务可能的品类、存在的形态都难以完全弄清楚。

早在 20 世纪二三十年代的社会主义经济计算大辩论中，哈耶克就提出了知识的分散性问题。即使有再高级的计算机，有再多的数据，还是难以计算出每件商品和每种服务的价格。因为关于商品和服务的数量、质量，关于不同人的不同需求，这些知识都是分散的，是实时发生变化的，甚至是隐藏在社会表象之下的。这些隐性的知识不可能被完全显性化，很多也不能被捕捉和测量。就算是生产商品和提供服务的公司或个人能够准确预测自己生产出什么样的商品以及生产多少，能够准确预知自己提供的具体服务，但作为消费者，又有多少人清楚自己潜意识里对不同产品和服务的需求以及需求变化呢？

进一步假设我们能够清楚地知道每个人或组织对某件商品和某种服务的真实需求和潜在需求，那这件商品和这种服务的价格又是多少才合适呢？我们单说期货这一类大宗商品。作为各种生产和服务的上游资源，按道理期货应该能够对其供给和需求有比较精准的了解。那为什么全世界要建立那么多大宗商品期货交易市场呢？期货交易本身是零和博弈，直白来说，大宗商品期货交易市场类似于赌场，只是交易规则更加清晰。这一类机构的存在，从经济学上说，是为了实现价格发现功能。因为不同区域、不同国家、不同时期，每件商品的价格到底应该是多少，我们是无从知道的。所以，期货交易市场通过所有人基于自身需求和自己拥有的知识和信息做出的分散交易，最后达到发现并确定某种大宗商品价格的目的，再引导其他商品和服务的生产。

连期货这一类大宗商品的价格都需要通过广泛的交易来发现，我们又怎么能够要求货币对每件商品和每种服务的价格保持稳定呢？尤其是世界上除了期货这一类大宗商品，还广泛存在着不能被标准化的小宗商品甚至是独特的商品和服务。

为了确保价格总体稳定，不同国家都有选择性地指定一些商品，以其价格变化和权重构成自己的CPI（Consumer Price Index，消费者物价指数）、PPI（Producer Price Index，生产价格指数）等一系列货币价格指数，以期能够代表价格总体水平变化。但货币当局即使能够在大体上通过对这些指数的观察和测量来衡量法币购买力是否稳定，再依据这些变化来调整对应的货币发行和流通，也还是无法确保法币相对每种商品和服务的购买力价格稳定。这还没有考虑商品和服务在全球范围内流通、存在各种不同的关税的情况。如果考虑商品和服务的全球流通，那么还要考虑这种流通是无摩擦流通还是有摩擦流通，如果是有摩擦流通，那么摩擦系数又该如何测量和计算，以及摩擦系数对商品和服务购买力价格又会带来哪些具体的影响。

5.4.3 稳定币地位也不稳定

虚拟加密数字资产，尤其是比特币的产生，本身就是对法币购买力不稳定或者说是法币持续的通货膨胀的抗议。但虚拟加密数字货币的虚拟性，导致它与现实生活发生关联时的购买力极不稳定。因此，市面出现了各种类型的稳定币。

目前稳定币还仅仅活跃于狭小的币圈世界，尚未与人类真实的生产生活发生关联，因此，目前的稳定币也只是一种中间形态或过渡形态，而不是最终形态。一旦与现实世界发生关联，稳定币面临的购买力稳定性问题立刻就会凸显出来。

各国央行推出的数字货币将给稳定币带来根本性打击。

尽管存在铸币税和通货膨胀等问题，但总体上说，目前购买力较为稳定的还是主权国家信用货币——法币。这也是很多稳定币锚定法币的原因。如果各国央行数字货币出炉，这些主权国家数字货币既可编程又可保证交易全程公开透明，在需要隐私保护的时候还可以确保隐私，那么，在这种情况下，我们为什么还要舍弃数字法币而选择购买力并不稳定、基于法币衍生出的所谓稳定币呢?

只有一种特例，即交易发生在需要逃避监管的灰色或黑色领域。这可能是未来基于区块链技术之上生成的所谓稳定币的唯一用途。

5.5

AMM 机制下规避无常损失

一般意义上传统的交易所都是基于订单簿模式组织开展交易的。不同的交易参与方基于自己对行情的判断，以订单簿的形式发出交易申请，中心化的交易所再按照“价格优先 - 时间优先”的顺序进行订单撮合，按照最大成交量原则确定的交易价格就是当前的市场价格。为了提高市场流动性，扩大交易的成交量，交易所会在一些交易内部引入做市商（Market Maker，MM）。做市商按照自己对行情的判断，在涨和跌两个方向的不同位置上分别给出他们的买和卖的报价，以匹配各参与方的交易需求。

自动化做市商（Automated Market Maker，AMM）是随着去中心化交易 DEX（decentralized exchange）的发展而逐渐发展起来的一种做市制度。这一类去中心化交易所 DEX 不采用订单簿模式进行撮合，而是基于可交易的两种不同类别资产构造一个巨大的交易池，所有交易参与方不再是与另外的交易对手方进行交易，而是与这个巨大的交易池进行交易。这个巨大的交易池中两种不同类别资产的“汇率”就是这两种资产的相对交易价格。

为了构造这个巨大的交易池，DEX 允许所有参与方将自己闲置的不同类别资产按当前的相互兑换“汇率”注入交易池，之后这些参与方将会基于DEX提供的资产在整个交易池中的比例获得相应的交易手续费。

恒定函数做市商（CFMM）是AMM中最受欢迎的一类。自2017年以来，市场上已经出现了三种恒定函数做市商的初步设计，分别为恒定乘积做市商CPMM，恒定和做市商CSMM以及恒定平均值做市商CMMM。CPMM基于函数 $xy=k$，该函数根据每个代币的可用数量（流动性）确定两种代币的价格范围。当代币 x 的供给增加时，y 的代币供给必须减少，反之亦然，以保持恒定的乘积 k。

AMM自动做市机制下的交易为什么会产生价格滑点并带来无常损失呢？

理论上，公开市场上的任何一笔交易都会对标的物价格带来影响，造成标的物价格变动，这种影响和变动或大或小，或直接或潜在。但这种交易实际上隐含了一个前提，即交易都会默认存在一个基准，也就是衡量标的物价格的结算货币购买力。我们通常认为结算货币的购买力是不变的，所有价格变动也都是以这种结算货币的购买力为基准的。

AMM自动做市机制并不存在这样一个基准。每一笔交易的发生都会对交易、对双边价格带来变化。其实日常生活中的交易，我们自以为货币购买力是恒定的，不会发生改变，但实际上在交易行为发生的同时，货币购买力就已经发生了改变，只不过这种改变相对来说比较小，影响力也比较弱。

AMM自动做市策略下，按照当前交易对价格按比例（汇率）双边同时注入流动性，当交易发生的时候自然会带来交易对双边价格的调整。无论是对流动性提供者还是交易发起者，这时如果以交易对双边价格中的一边为基准价格对交易收益进行衡量，则有可能会带来收益，也可能会带来损失。更进一步，在AMM自动做市情况下，通常是以交易对双边价格相对美元或USDT的价格变动来衡量收益，而不是以交易对单边价格为基准衡量整体收益。这就使得情况变得更加复杂，也因此产生了交易对双边价格相对美元或USDT的变动而带来的所谓无常损失。

其实传统市场交易也面临同样的情况，只是因为交易结算的货币参照体系不同，因此人们产生了不同的感观认识。此外，在传统市场中，为了防止价格大起大落或有人操纵市场，传统交易所一般会采用几种手段，以保证交易价格的相对平稳。一是限制每笔交易的最大数量，防止单笔交易对价格造成过大冲击；二是对价格实施每日涨跌停板制度；三是实行必要的熔断措施。

AMM自动做市制度刚刚起步，规则相对简单。对AMM自动做市机制的边界不仅在学术上缺乏深入讨论，而且由于是 7×24 小时连续交易，资金池容量小，市场深度浅，对交易又缺少限制，容易造成较大幅度的价格滑点，带来无常损失。AMM 自动做市策略下的 DEX 如果能对传统交易市场的一些措施进行适当改进，同时加强对 AMM 自动做市机制学术理论上的探讨，防止价格大涨大落以及出现单边市场，应该能够对目前的价格滑点问题带来新的启发，也能为流动性提供者规避无常损失。

5.6 数字货币是数字经济中的血液和灵魂

2020 年是数字货币元年。无论是在各国央行还是各国政府的工作清单中，都把推动数字货币的落地作为一项重要工作。当有了打通物理世界和数字世界的桥梁——央行数字货币后，产业或者企业的链改或将更为高效。

5.6.1 数字经济和数字货币的关系

数字法币是未来数字经济中各种要素的集大成者。

数字经济，我们将其界定为经济的数字化。众所周知，货币是经济系统中最重要和最活跃的元素。因此，如果经济体实现了数字化，相应地，最重要和最活跃的元素——法币或货币尚未实现数字化，这是不可想象的，也是必然带来灾难的。

如果不仅将数字经济看成一种状态，而且当作一个过程，那么成熟的数字货币是数字经济的灵魂，是数字经济的牵引者和示范者，也有可能是数字经济领域最后的集大成者。如果货币的数字化落后于其他经济内容的数字化，无疑会制约经济的发展以及经济的数字化过程，甚至引发经济大衰退。

数字货币与传统货币有什么区别？数字货币可以通过数字化方式进行表达。传统货币已经实现了电子化，电子化更多表现在流通领域和支付环节，但电子化货币在流通支付中的应用仍然是中心化的，至少普通人是不可以对货币以数字化方式进行表达的。这种表达包括目前普通人可以在以太坊上通过智能合约对以太币等虚拟货币进行的各种操作，但这些操作至少目前在法币层面是无法进行的。

近些年货币电子化极大地拓展了交易的范围和频度。如果没有货币的电子化，也就不存在电子银行、支付宝和微信支付等。那种生活状态大部分人都经历过。如果货币的发展演化落后于时代的幅度再大一些，就会制约经济的发展，例如前面举过的秦王朝灭亡的例子。

我们还可以头脑风暴一下，如果秦王朝实施了纸币，至少不会在那个时候出现通货紧缩，秦王朝可以持续更长一段时间。甚至因为货币因素，秦王朝也有可能在经济方面呈现欣欣向荣的景象，甚至取得汉唐和两宋的繁荣。当然通货膨胀也是有可能发生的。尽管通货膨胀对经济也有危害，但其危害在大多数时候是低于通货紧缩的。

整个大的环境决定和制约了货币存在的形态。货币的形态不可能大幅领先于经济发展和经济存在的形态。宋王朝中国四川出现的纸币“交子”很快退出历史舞台，也是因为当时没有发展出信用货币的概念和相应的理论，导致了严重的通货膨胀，从而不得不退出历史舞台。

5.6.2 数字经济和区块链的关系

区块链是数字经济的底层基础设施。

现在一提到数字经济，更多是从技术层面，也就是物联网、大数据、人工智能、云计算、5G 以及区块链等的角度，来解读和分析技术给经济带来的发展。实际上我们解读的更多是已经被数字化的部分，是数字化的经济的发展和深化。

1. 数字经济的前提是经济的数字化

从大的方面来说，经济数字化一方面是经济内容的数字化，另一方面是数字基础设施的建设。具体体现在消费互联网和产业（工业）互联网两方面。

- 消费互联网方面。消费互联网又可称为前端互联网，与“衣、食、住、行”有关，受消费需求直接驱动，其主要场景包括生活、工作、学习、娱乐等内容。目前消费互联网领域已经基本实现数字化。

- 产业（工业）互联网方面。产业（工业）互联网又可称为后端互联网。工业互联网与产业互联网的区别在于前者偏向于技术视角，后者偏向于应用视角。产业（工业）互联网为消费者提供间接服务、受生产率驱动，其主要场景包括智能互联、信息整合、数据决策以及人机协作等内容。目前的产业（工业）互联网正处在数字化转型过程中。

广义社会制度的数字化。除了上面提到的消费领域和产业领域经济的数字化，还有一个极其重要的内容，即广义的社会制度的数字化。这是迄今为止极少被提到的。经济发展一定是嵌入在特定的政治制度和文化环境中的，经济的数字化必然要求相应的政治制度和文化环境的数字化，包括相应的制度安排、法律安排、文化创新、风俗习惯等内容。目前广义社会制度基本处于尚未数字化阶段。

数字基础设施建设方面。经济数字化离不开数字基础设施建设。数字基础设施主要包括 IT 技术及其网络化工程，目的在于形成万物互联、人机交互、天地一体的网络空间。目前互联网已在全球大部分地区普及；物联网正在进行中，其网络形态和架构尚未最终确立。同时，新的网络架构、网络技术在快速迭代演化，其中包括大数据、AI、边缘计算、5G、区块链等。

此外，还有一个极容易被忽视的内容——以上这些数字化元素之间的关系同样需要被数字化。这些数字化元素之间的关系可能包括相互之间的连接、促进、局限、制约以及其他可能。如果没有以上这些元素关系的数字化，所谓的数字化也仅仅是建设了一个又一个数据孤岛，并没有生成有机的整体。货币或法币的数字化，是数字经济中极其重要和关键的元素。没有法币的数字化，其他数字化的要素也无法实现相应关系的数字化。

2. 区块链是校正经济数字化进程的关键性底层技术架构

技术是实现经济数字化的手段。不同的技术在经济数字化过程中扮演着不同的角色。

云计算、边缘计算等按需提供数据存储功能。大数据作为数字经济的关键生产要素，成为资源配置更加充分市场化的必要条件，是数字经济进一步发展的必然要求，同时也使数据存储面临挑战。区块链的出现使得数据的存储问题更加凸显。云计算、边缘计算等提供了数字经济时代的数据存储方式。

传感器负责获取海量数据。物联网将各种感知设备、终端快速接入网络并汇聚在一起，使硬件数量得以指数级提升。个人计算机时代硬件设备以亿级为单位，智能手机、平板电脑时代以十亿级为单位，物联网硬件时代以百亿级为单位。海量非结构化数据更是呈现指数级增长，数据形态也更加丰富。

人工智能负责提高生产效率、解放生产力。数字资源的积累、计算能力的提升、网络设施的完善，使得深度学习和人工智能开始渗透到每个行业，而且在具体场景下取得突破性的效率提升，极大地解放生产力。

区块链构建分布式协同的数字基础架构。区块链是一种全新的分布式网络架构与计算范式，这种分布式网络架构具有去中心化、去第三方信任、系统集体维护、信息不可篡改、数据可溯源等一系列特征。这些特征成为数字经济环境下大范围分布式协同的数字基础架构。

以上这些技术使得经济数字化进程飞速发展，但目前经济数字化进程中数据垄断问题非常严重，已经实现的经济数字化是数据垄断者的数字化，而不是数据所有者的数字化。从浅层次来看，数据垄断带来了信息孤岛问题；从深层次来看，数据垄断还会制约经济数字化发挥作用。不同于其他技术，区块链的出现，使得破解数据垄断问题有了可能，区块链可以看作是校正经济数字化进程的关键性底层技术架构。

5.6.3 数字货币对链改的影响

1. 链改是什么

链改本质上是对业务结构和利益结构进行的重构。

链改不是写白皮书、发币和上交易所，也不是把一堆技术堆砌在一起。链改是指用区块链的理念和技术，对现有产业的业务流程和社会组织治理机制进行改造。链改的目标是改造生产关系、实现效率提升，链改的结果是业务流程的重构和再组织，链改的过程是业务系统的去中心化和业务流程的去中介化，链改的前提和基础是数据的链上分发和存储，即实现数据占有方式和数据组织方式的改变。

从本质上说，区块链是通过数据在全网范围内进行一致性分发和冗余存储，改变了传统的数据传输和存储方式。这种改变极大地降低甚至消除了原来存在于各节点之间的信息不对称，消除了整个系统对原信息系统中心节点的依赖，为系统从原来的中心化、他组织变为去中心化、自组织提供了技术和系统架构上的基础。

区块链对整个社会的作用在于通过由区块链底层技术构造的去中心化信息系统，重构整个社会的组织架构和业务流程。对于数字经济，区块链是未来实现经济全面数字化的底层架构和业务逻辑框架。通过相关数据的全网一致性分发和冗余存储，使所有节点拥有相同的数据，因此这些节点拥有了更大的自主性和更强大的能力，推动系统进行业务流程改造，通过去中心化、去中介化重构业务流程，提升系统效率，重新分配利益，创造更大价值。

任何事情都具有两面性。世界上从来不存在只有有利因素而没有不利因素的事情。区块链在经济数字化过程中同样存在不可忽视的问题。

第一，区块链系统消耗了大量的计算、存储和带宽资源。因此必须结合特定的业务场景和业务逻辑，对区块链的底层技术架构进行改造，分析是不是一定要实现数据的全网一致性分发，考虑只做到数据相关节点分发是否可以。

第二，建立在区块链系统上的数据共享是一个漫长的过程。也就是说，区块链所期望的所有节点在数据面前完全平等，在业务逻辑上实现高度自组织的道路将会极其漫长。原来占有数据的中心节点不会主动开放数据，不同节点对数据的理解也会存在差别，因此去中心化、去中介化不是一朝一夕的事情。系统由他组织向自组织的过渡，更是一个长期博弈和妥协的过程。

此外，区块链去中心化系统流程改造将对现有的法律和制度带来巨大冲击，二者的突破和妥协是更大的问题。

经济数字化是数字经济的前提。数字经济不仅仅是数字化的经济，还包括与数字化的经济相匹配的组织结构、业务流程、制度体制的重构。区块链系统作用发挥的过程，也就是链改的过程。

2. 激励在链改中的作用

谁是链改的推动力量？链改要改什么？

链改在本质上是依据新的数据占有方式和数据组织方式对已固化的业务结构和利益结构进行重构。这种重构会极大地损害原来的中心化机构和中心节点的权力和利益，因此，链改的推动力量不可能来自原来的中心化机构和中心节点。

链改的推动力量能否来自原来不占有数据的普通节点呢？这也不可能。一是普通节点作为个体力量单薄，难以对抗已经成型的体制和机制；二是链改是一个长期的博弈过程，虽然在理论上通过链改会提高整个系统的效率，带来新的收益，但在实践上既没有成功的先例，也难以预测链改过程中将面临哪些具体困难，作为个体的节点在链改过程中可能获得什么，又可能失去什么，都在未知之列；三是当前我们仍处在信息化数字化改造过程中，在这个过程中，所有人的利益都得到了提升，这种情况下，很少有人会主动打破这个态势。因此，链改的推动力量也不可能来自这些原来不占有数据的普通节点。

链改的推动力量，尤其是第一推动力量，只能来自系统外部！系统内既得利益阶层不会主动放弃自己的利益，被剥夺了数据占有权利的普通节点没有能力也没有意识主动进行这场改革。那么链改的推动力量只能来自系统外部，这是新的生产力和生产关系对旧的生产力和生产关系的改革。

那么，新的生产力如何改变旧的生产力呢？一位商界精英曾说“如果银行不改变，我们就改变银行”。那么该精英是如何改变银行的呢？

买家在某电商平台上下订单并支付费用，确认收到商品再由网络支付平台向卖家支付费用，中间存在一定的时间间隔，因此电商平台形成了巨大的资金沉淀。电商平台所属的母公司将巨大的沉淀资金通过基金带入银行间市场，以获得银行间市场的平均收益，这个收益远高于银行与个人之间的存款利息。电商平台所属母公司将这些收益拿出来，分享给参加者，由此促使银行做出改变。

因此，我们要重视激励在链改中的作用。那么，这种激励以什么方式来表达呢？

3. 数字货币在链改中的作用和意义

（1）是通证激励，还是法币激励

法币较通证有更多的使用场景、更大的使用范围。通证之所以有价值，或者说，通证的价值还需要用法币来表达，就说明了这一点。法币相对通证具有元价值，或具有更高阶的价值。但现金化的法币在数字化的经济和流通体系中不易表达。在以太坊之后兴起的ICO尽管有很多不足，但它通过智能合约，以数字化形式对激励进行表达，这一点是传统法币不可比拟的。

如果是数字货币激励，就应该具有更多的数字化表达方式和手段。虽然我们目前对数字货币存在的形态和特点还无法做过多界定，但个人对自己的钱包及其中的数字货币进行编程并网络支付，应该是其最基本的功能。

因此，数字货币的推出，会赋予链改更多的工具和抓手，推动链改的顺利进行，同时，也会让市场上的空气币项目和山寨项目出清，净化市场环境。

（2）数字货币是区块链架构中的血液和灵魂

货币是经济运行的血液。数字货币是数字经济运行的载体和灵魂。

区块链是未来整个数字经济的底层基础设施。因此，数字货币是区块链架构中的血液和灵魂，也是链改中的血液和灵魂，是链改中最具活力的要素，也是驱动链改顺利推进的助产士。

没有数字货币的助推，链改也会推进，也有成功实现的可能，但难度要大得多。尽管目前数字经济中一些基础性部件已经实现了数字化（例如消费互联网），或部分实现了数字化（例如产业互联网正在实现数字化），但各种要素和部件之间的关系远未实现数字化。正是这些没有实现数字化的内容，导致链改整体推进速度缓慢，屡屡遇阻，难有成功落地的先例。

货币是经济系统中最重要的关系综合，贯穿经济系统中的所有元素和部件。货币一旦数字化，会极大带动经济系统中相关元素和部件的数字化，进而推动整个经济体的数字化进程，再进而极大地推动链改在数字化形态下的落地。

5.6.4 在数字货币下进行“新链改”

新链改就是链改回归本原，而不再是 ICO、IMO 等各种打着区块链的旗号进行的非法金融活动。

前面内容曾提到，货币的形态不能太超前于经济形态，也不能落后于经济发展形态。因此，数字货币的形态、属性也必然会随着技术的进步以及市场的需求而不断演进。货币的数字化不可能，也不会是一成不变的。

利用数字货币实施链改，会为链改带来更多的便利。首先是合规性，利用数字货币作激励，不存在 ICO、IMO 等方式带来的合规问题；其次是易编程实现，可以通过代码和智能合约，将更多的经济激励和经济机制嵌入代码层面实现，实现高度的自动化、透明和可预期；此外，还有利于将经济激励与经济机制设计融为一体，而不是像以前一样两者分离，这也是新的经济机制的设计过程——将机制转换为代码，进而通过智能合约自动执行。

数字货币在选择对应的技术架构时，肯定既要向前兼容，也要考虑后续发展。

向前兼容是指数字货币要能够吸收和继承人类货币史上丰富的经验和教训，逐步演化，而不要革命性发展。后续发展是指数字货币不仅要有新的特性，而且要为未来预留发展空间。更要考虑数字货币当前的形态和特点与当前整个经济的数字化形态水平相适应。

因此，在数字货币体系下进行的链改，也要因时因地，适度超前，但不可跃进和冒进，既要着眼大的行业和产业，也要从小处着手，点滴推进。在梳理和设计链改方案时，我们要充分考虑到当前的经济数字化基础，哪些组件、部件、元素已经实现数字化，哪些还没有实现数字化；实现数字化的部分对链改会带来哪些有利因素，没有实现数字化的部分对链改有可能存在哪些不利因素，有没有可能通过调整相关设计方案，对不利的内容进行调整或规避；数字化的法币在链改前与链改后的经济流程中如何流通流转，对哪些人哪些行为实行激励，如何激励，对利益受损者有无补偿，如何补偿；在当前水平上哪些行为可以编程实现，哪些行为暂时还无法编程实现……之后再权衡各方面的利弊得失，先从阻力小的链改项目或链改内容开始，阻力特别大开展特别困难的，可以暂时先放一放，待周边环境和条件成熟时再推进。

链改也是一个过程性事件，而不是一蹴而就的一次性工程。链改的推进既取决于当前技术水平，也取决于当前的制度因素。数字货币的水平，既是当前的技术水平决定的，也是当前的制度因素决定的。因此，链改的推进必然与当前的技术水平和制度水平高度相关，也与当前的法币数字化进程高度相关。

5.7 量子计算对区块链和比特币的冲击

近年来，包括量子计算在内的量子科技发展突飞猛进。量子力学是人类探究微观世界的重大成果，量子科技发展具有重大科学意义和战略价值，是一项对传统技术体系产生冲击、进行重构的重大颠覆性技术创新，将引领新一轮科技革命和产业变革方向。

5.7.1 量子计算与量子算法

1. 量子计算与量子算法简介

量子计算是基于量子力学原理进行有效计算的新型计算模式，它能够利用量子的叠加性、纠缠性、相干性实现量子的并行计算。

1982 年美国物理学家费曼提出量子计算概念。但由于量子态的测不准原则以及量子系统容易受噪声干扰，量子运算很容易出错。1994 年美国计算机专家秀尔证明量子计算机可快速分解大因数，实现了第一套量子算法编码，量子计算以及量子计算机的研究进入实验时代。美国国家标准与技术研究院于 2009 年研制出世界上第一台通用编程量子计算机。

经典比特具有 0 和 1 两种状态，量子比特与经典比特的不同之处在于，1 个量子比特除了可以像经典比特一样处于 0 和 1 这样的状态，还可以处于既非 0 又非 1 的状态，这个中间状态称为叠加态。量子叠加态是决定量子计算不同于经典计算的关键特性之一，也是量子并行计算的理论基础。相同位数的寄存器，量子计算机可记录的信息量是传统计算机的指数倍，在运算速度和信息处理能力方面，传统计算机无法比拟。量子并行计算体现了量子计算最重要的优越性。

量子算法是量子计算科学的重要部分。1989 年 Deutsch 首次提出 Deutsch 量子算法，展示了量子计算机的并行性特征；1994 年秀尔提出大数质因子分解量子算法并将实现该算法的量子编码；之后，格罗弗数据库搜索算法、量子智能算法相继被提出。基于格罗弗的量子搜索算法和基于秀尔的量子 Fourier 变换算法是目前比较成熟的量子算法。

2. 量子密码的安全性

量子密码的理论基础为量子力学，利用物理学原理对信息进行加密保护，创建安全的通信信道。

相比传统的基于数学的密码技术，量子密码技术拥有无条件安全性和对窃听者的可检测性，拥有巨大的发展前景。

量子密码的安全性基于以下三个量子力学基本定律。

一是海森堡测不准原理。由于量子具有波动性，在同一时刻微观粒子的位置与动量不能同时以相同的精度测定到确定值，只能精确测定两者之一。

二是量子不可克隆定理。量子系统的任一未知量子态，在不遭破坏的前提下，是不可能被克隆到另一量子体系上的。即测量必会改变量子状态，从而使通信双方察觉通信是否被窃听。

三是测不准原理或测量即塌缩原理。如果粒子的量子态是一个叠加态，则对粒子的量子态测量会影响到量子态本身，使其塌缩到它的一个本征态上，无法测出粒子的叠加态，这样测量就会留下痕迹。

量子保密通信的安全性不依靠数学计算的难度，而是依靠物理学定律，依靠量子力学的不确定、不可克隆的基本原理，因此理论上没法破解，更为可靠。

量子密码与传统密码具有很大的差异。首先，传统密码算法是基于某个难解的数学问题，受限于当前的计算能力。量子密码基于量子力学，通过物理学原理而非数学问题，更加安全。随着量子计算的迅速发展，量子计算能力有了质的飞跃，传统密码被破解只是时间问题，其安全性将受到极大威胁。其次，传统密码体制很难证明密钥在传输、分发过程中未被窃听者窃取。量子密码在分发过程中，可有效识别攻击者的存在，从而保证通信过程的安全性。

3. 量子计算对当前通用加密算法的影响

尽管主流的密码系统目前依然能够安全运行，但是在量子计算技术的潜在冲击下，几乎所有的加密算法都需要进行改进甚至重构。2016 年 4 月，美国国家标准与技术研究院对当前主要的密码技术将受量子计算能力影响的情况进行了预测，结果如表 5-3 所示。

表 5-3 主要密码技术将受量子计算能力影响的情况预测

加密算法	类型	作用	潜在冲击
AES	对称分组密码	加解密	增大密钥长度
SHA-2/SHA-3	哈希算法	哈希功能	需要更大输出量
RSA	非对称密码	数字签名 密钥生成	丧失安全性
ECDSA/ECDH （椭圆曲线密码）	非对称密码	数字签名 密钥交换	丧失安全性
DSA （有限域加密）	非对称密码	数字签名 密钥交换	丧失安全性

4. 量子计算的发展

过去 30 年，物理学家在构建实用型量子计算机方面取得了巨大的进步。

2019 年 10 月 23 日，谷歌公司在《自然》杂志发布了“使用可编程超导处理器的量子至上性”实验结果。谷歌公司人工智能量子团队开发了一种名为 Sycamore 的新型 54 比特处理器，该处理器能在 200s 内完成目标计算。而要想完成相同的目标计算，世界上最快的超级计算机需要 10 000 年。

竞争对手 IBM 第一时间对谷歌公司的这一“宣称”做出回应。IBM 在一篇博客中表示，谷歌公司高估了计算项目的难度，谷歌公司所宣称的经典计算机需要 10 000 年执行的任务，其实只要 2.5 天就能完成。尽管如此，2.5 天和 200s 相比，毕竟还不是同一个数量级。

2021 年 6 月 28 日，中国科学技术大学量子信息与量子科技创新研究院潘建伟、朱晓波、彭承志研究团队向全球最大的预印本系统 arVix 提交了一篇名为《利用超导量子处理器实现强量子计算优越性》的论文。论文显示，研究者设计并构造了 62 个量子比特的可编程超导量子计算原型机，同时选取了其中的 56 个量子比特来展示随机电路采样，取得了比当年谷歌公司 Sycamore 处理器高 2 ~ 3 个数量级的量子优越性。论文同时指出，祖冲之号将现存功能最强大的超级计算机需 8 年完成的任务样本压缩至最短 1.2h 完成，从而证明了量子计算的巨大优越性。

区块链的安全基于密码算法的安全，如哈希函数的安全和椭圆曲线密码算法的安全。量子计算机的出现将在底层密码算法层面对区块链的安全产生严重威胁，比特币、以太坊等许多区块链系统都将受到冲击。

5.7.2 量子计算对区块链的冲击

以比特币为代表的区块链安全协议涉及两种类型密码技术。一种是比特币“挖矿”过程中使用的哈希函数，另一种是区块链上提供数字签名的非对称密码。采用的算法分别是 SHA-256 哈希算法和椭圆曲线数字签名算法 ECDSA。SHA-256 主要用于由公钥生成钱包地址以及挖矿时的工作量证明（Proof of Work，POW），ECDSA 主要用于私钥、公钥的生成以及签名和验签等。

1. 量子计算对挖矿的威胁

比特币系统中，新的比特币通过“挖矿”产生，挖矿的过程就是矿工利用计算机计算比特币网络中数学问题的过程。第一个解决问题的矿工公布其答案并计入账本，该结果同步计入比特币网络中的所有节点。挖矿成功，系统奖励矿工一定数量的比特币。

比特币挖矿中使用的哈希函数是SHA-256。使用SHA-256为每个区块计算一个随机数，虽然结果很容易验证，但搜寻过程非常艰难。通常采取的方法是使用蛮力搜索，这意味着要尝试不同的输入，直到找到满意的答案为止。

量子计算中的格罗弗搜索可以从理论上解决这个问题。格罗弗算法在解决从无序数据库中搜索某个特定的数据问题方面有独特的优势，使找到哈希函数的碰撞变得相对容易，也就意味着将会降低破解密码学哈希函数的安全级别。

那么反过来，能否用量子算法进行挖矿呢？如果用量子算法探矿，则需要相当快的量子哈希运算速度和更强的量子加速，但目前的技术水平还难以达到。关于量子计算机对挖矿的威胁，戴夫士·阿加沃尔（Divesh Aggarwal）和新加坡国立大学的研究人员进行了深入研究并在2017年10月就此发表了论文。他们认为，至少在未来10年内，使用ASIC（Application Specific Integrated Circuit，专用集成电路）挖矿的速度会比量子计算机快，不过10年后，量子计算机的挖矿速度会飞速增长。

2. 量子计算对非对称密码算法的威胁

非对称密码用于比特币系统中对交易的授权。它为系统中的所有用户分别分配1个公钥和1个私钥，公钥可广泛共享，私钥只有密钥所有者本人才知道。通过给定的私钥，可以很容易推算出对应的公钥，但反过来由公钥推算私钥，则非常困难。

比特币使用的非对称密码算法是ECDSA，基于secp256k1算法生成密钥。该算法保证了比特币只能被合法拥有者使用[①]。

椭圆曲线密码在量子计算中很容易受到攻击。秀尔算法在理论上可以很容易地将其修改，以解密带有椭圆曲线的消息。目前世界上已经有几例分别从理论和实践上利用秀尔算法攻击椭圆曲线的研究案例。有专家预计到2027年，量子计算机就可以实

---

① 具体实现可参阅由高承实等编的《区块链中的密码技术》的3.3节。

现对密钥的破解，量子计算机破解加密签名所需的时间预估为 10min。但目前来看，要实现量子计算对 ECDSA 的攻击，需要一定数量的量子比特，有外媒报道称需要 4 000 个。目前的量子计算机远达不到这样的水平。

3. 谷歌公司和中国科学技术大学量子计算机对密码算法的影响

谷歌公司和中国科学技术大学的量子计算机在密码破译方面所能达到的水平可以从以下几个方面评判。

- 谷歌公司和中国科学技术大学的量子计算机还不是真正的量子计算机，它们不能实现所有的量子变换。只有实现破解密码算法中的那些变换，才可能对密码算法有影响。
- 谷歌公司和中国科学技术大学量子计算机能够实现的量子比特位数还很少。它们完成的任务在大型传统计算机上也能完成。
- 量子计算机实用化后，才有可能对基于离散对数和大合数分解设计的公钥算法有威胁。
- 量子计算机对对称密码算法没有致命的威胁。从时间复杂性上看，只要密钥长度加倍，对称密码算法抗量子计算机的时间复杂性与电子计算机相同。

从长远来看，运行秀尔算法的实用量子计算机能够破解 RSA、ECC（Ellipse Curve Cryptography，椭圆曲线加密）等非对称密码算法。谷歌公司 53 个量子比特和中国科学技术大学 56 个量子比特的量子计算机针对的都是一个没有应用价值的问题——验证量子计算机比现有经典计算机强大。但目前谷歌公司和中国科学技术大学的量子计算机并不能对经典密码（包括非对称密码）的安全造成威胁。要想破译现在使用的 RSA 算法，目前估计需要能够稳定操纵几千个逻辑量子比特，相应地大概操纵百万量级的物理量子比特，要达到这一目标，还有很长的一段路。

4. 后量子密码技术在区块链系统中的应用

尽管目前区块链应用所使用的本地加密算法是安全的，这并不代表区块链从业者可以高枕无忧。研究在量子计算机出现后对区块链系统仍然安全的密码算法十分重要。后量子密码技术作为未来 5 ~ 10 年逐渐代替 RSA、Diffie-Hellman（DH）、椭圆曲线加密等现行公钥密码算法的密码技术，正被越来越多的人重视。

后量子密码，又被称为抗量子密码，笔者认为它是能够抵抗量子计算机攻击的密码算法。此类加密技术的开发采取传统方式，即基于特定数学领域的困难问题，通过研究开发算法使其在网络通信中得到应用，从而实现保护数据安全的目的。

后量子密码的应用不依赖于任何量子理论现象，但其计算安全性或许可以抵御当前已知任何形式的量子攻击。在区块链系统中应用后量子密码技术，以保证区块链在量子计算机出现后的安全。

非对称密码是后量子密码技术发展的重点领域。如随着秀尔算法的提出，包括RSA、ECC以及DH密钥交换技术等非对称密码算法已经从理论上被证明彻底丧失了安全性。相对于对称密码系统还可以采取升级措施应对量子威胁，非对称密码必须采取全新方法重建，因而也就成为后量子密码技术发展的重点。

当前国际后量子密码研究主要集中于基于格的密码（lattice-based cryptography）、基于编码（code-based cryptosystems）的密码系统、多元密码（multivariate cryptography）和基于哈希算法签名（hash-based signatures）等密码算法。在所有人们认为具有抵御量子威胁潜力的计算问题中，基于格的密码系统在过去10年中得到最为广泛的关注。

5.7.3 量子计算机对比特币系统的颠覆

从发展状况来看，量子计算机还处于早期阶段，离真正应用还有相当远的距离。

如果量子计算机真正能够大规模应用，将对密码算法当中的非对称密码算法和哈希函数带来致命性的影响。现在基于数学难解问题而生成的算法RSA和ECC安全性将不复存在，哈希函数的抗碰撞性也将受到极大挑战，除非尽可能增加哈希函数的输出长度。

目前的非对称密码主要是ECDSA和哈希函数SHA-256，它们是比特币系统的底层核心技术，确保了比特币分配和支付的安全，在比特币系统的多个环节得到应用，例如生成钱包地址，对交易进行签名和验证，计算区块内所有交易的默克尔数生成区块以保证块内数据难以被篡改，激励矿工开展挖矿竞赛以维护系统的自运行……如果ECDSA和SHA-256两种算法的安全性不复存在，那么整个比特币系统的安全性也将不复存在。

当然我们也没有必要那么悲观。第一，量子计算机的真正使用还有相当远的距离；第二，随着量子计算以及量子计算机的发展，抗量子计算的密码算法也会同步得到发展，例如基于格的密码。

真到了那个时候，或者比特币系统中的密码模块会替换为抗量子计算的密码模块，或者比特币已经完成它的历史使命，从这个世界上消亡。

第6章

区块链行业发展前沿观察

区块链目前确实还处于行业发展的早期，但其发展速度却非常迅猛。

一是构成区块链系统的底层技术正在快速发展中。这些技术包括近几年比较热门的隐私保护、安全多方计算、零知识证明、预言机等，当然还有一些重要的相关技术，包括量子计算，也在快速发展。

二是区块链系统的架构也在快速调整过程中。区块链本来是建立在比特币这一单一系统应用之上的，即在去中心的分布式网络环境下解决比特币的发行、非双花支付等问题。为了满足货币金融领域的更多应用场景需要，维塔利克·布特林（Vitalik Buterin）又创建了以太坊；为了处理更多现实生活中的业务，Linux 基金会主导创建了超级账本。

三是我们对区块链应用场景的理解和对区块链应用本质的认知还处在非常早期的阶段。区块链到底能够应用于哪些应用场景，如何变革生产关系，都需要进一步研究和探讨，已有的理解和认知也都有待进一步深化。

6.1 区块链行业发展观察

6.1.1 区块链应用落地的难点

区块链应用落地的难点，除了上面涉及的底层技术、区块链系统的架构，可能还包括以下两个方面的内容。

第一是认知。区块链的技术逻辑仅能匹配复杂业务逻辑中的一部分内容，而不是所有内容。试图以区块链的去中心化技术逻辑去改革或颠覆或匹配人类生活中的所有业务场景，注定是要失败的。此外，区块链所谓的去中心化是技术层面的去中心化，而不是业务层面的去中心化。不要试图以单纯的技术逻辑僵化教条地去改变业务逻辑。

第二是现实情况。区块链处理的内容是完全数字化的内容。目前我们正处于由物理世界向数字世界的转轨过程中，大部分物理世界的内容并未实现数字化。因此，在这个大的背景下落地区块链应用，最多也只能在一部分已经实现了数字化的场景下应用区块链。至于解决办法，一是区块链系统的应用必须与互联网的技术架构组合在一起，不要人为割裂区块链与其他数字技术的关系，应将所有数字技术内容作为一个整体统一对待；二是加速推动物理世界向数字世界的迁移。

6.1.2 区块链未来发展路径

从比较广义的范畴来看，区块链会在几个方面呈现出不同的发展路径。

在技术层面，第一条可能的发展路径是未来可能会出现更多类型的区块链系统，比如开放联盟链，或带部分准入的公有链，而不仅仅局限于目前的公有链和联盟链定义；第二条可能的发展路径是在现有区块链系统架构内进行不同环节的优化和深化，比如对效率的提升、对隐私的保护等；第三条可能的发展路径是区块链与其他技术相互促进，包括云计算、边缘计算、大数据、人工智能、物联网、5G以及其他技术全方位地深度融合。

在应用方面，随着新基建等建设项目的推进，区块链很快会超越单纯数据上链建设可信系统的发展阶段，而深入到具体产业和行业的特定场景和业务环节，通过区块链这种可靠、可信连接，实现业务流程优化、运营成本降低、协同效率提升，进而与其他技术手段融合，呈现出更加丰富的功能，发挥区块链系统更加强大的力量。

6.1.3 区块链行业的新发展方向

1. DeFi

DeFi在2020年异军突起。作为建立在区块链公有链和智能合约基础上的去中心化金融形态，DeFi以去中心化的方式替代传统金融的中心化方式，以代码去中心化运行的确定性替代传统金融基于人的中心化行为的不确定性，极大地提升了金融系统运行效率，降低了金融系统交易摩擦成本，其存在形态和交易方式都有别于传统的中心化金融。

DeFi的发展，既有对传统金融的借鉴，也有对传统金融交易模式的突破，更有对传统金融的改造和颠覆。当前，DeFi发展势头迅猛，资产锁定额度节节攀升，新的细分赛道不断被拓展，新的交易模式和交易工具不断涌现。

DeFi凭借区块链系统数据不可篡改、全网各节点可对数据及相关签名独立验证、智能合约经各参与方认可后无须人为干预自动执行等特点，实现了对传统中心化金融由法律法规构成的部分基础设施的替代。相比传统中心化金融，DeFi 带来了交易效率的极大提升和交易成本的极大降低。

但 DeFi 应用还只能局限在数字货币领域。各种投机炒作力量推动了它的快速发展，这种发展给 DeFi 带来了极大的泡沫。DeFi 系统更多的情况下处于空转状态。DeFi 是对中心化交易模式的极大颠覆，但它目前更多局限于抵押借贷，没能引入信用概念；杠杆交易也刚刚出现。接下来 DeFi 应用应该能够演化出信用交易和更多的基于杠杆的保证金交易。

金融为实体经济服务才能创造和产生价值，DeFi 也必然要与实体经济结合才能创造和产生实实在在的价值。因此，我们仍然需要通过其他技术手段的辅助将线下资产映射为数字资产，通过法律法规的保障确保资产的合法合规和交易的有效，这样才能实现资产数字化与 DeFi 的结合。这也是未来 DeFi 创造真实价值的关键所在。

2. NFT

NFT 从 2020 年下半年成为区块链领域炙手可热的词汇。虽然与 NFT 相关的 ERC-721 协议早在 2017 年就已经发明，而且在 2018 年的加密猫游戏中得到应用，但其在 2020 年下半年的火爆确实出乎很多人的预料。

随着市场的火爆，很多关于 NFT 的交易、NFT 面临的法律法规问题以及 NFT 在未来元宇宙中的重要性等内容也被发掘出来。虽然我们认可 NFT 有一定的存在价值和意义，但 NFT 真正落地并且在现实世界中发芽，其路途必定非常遥远，中间还有非常多的细致工作需要开展。

6.2 DeFi 及其未来

根据 QKL123 网站数据，2021 年 12 月 2 日 DeFi 的总锁仓额为 966.06 亿美元，稳定币总市值为 1 276.77 亿美元，抵押借贷总锁仓为 130.41 亿美元。

我们可能对这些数据缺少具体而直接的感受。那么我们具体来看一下 DeFi 这两年的增长。2019年DeFi总锁仓金额还不到10亿美元，但到2020年迅速增长到超过100亿美元并在2021年达到迄今为止的峰值，将要跨越千亿美元大关。此外，自DeFi实验开始，其用户数量呈爆炸性增长，2018年DeFi用户还不到1万人，2019年达到10万人的规模，而在2020年和2021年上半年，以某种方式与以太坊DeFi进行交互的唯一地址数量超过了210万个，用户数量超过100万的应用达到25个。根据链上数据供应商Dune Analytics的统计，目前以太坊（ETH）DeFi用户数量已超过300万。

6.2.1 DeFi简介

那么，到底什么是DeFi？ DeFi一般是指构建在以太坊、币安智能链、火币生态链等主流公有链的智能合约平台上，用户能够以点对点的方式参与的消费、借贷、交易等基于虚拟数字加密资产的金融活动的智能合约及协议。DeFi这种方式的交易不依赖银行和政府等中介机构。

DeFi映射了传统金融多个领域的业务模式并进行了相应的业务模式创新。目前DeFi已经构建了相对完整的业务生态，其业务应用按类别大致可以分为交易类、资产及其管理类和基础设施类。交易类的常见应用包括去中心化交易所DEX、衍生品交易、保险、预测市场、支付以及其他交易市场。DEX在应用层、协议层和交易聚合等方面与传统的交易所有着根本性的区别。

资产及其管理类的常见应用包括借贷、合成资产、稳定币、虚拟货币锚定币、NFT、资产管理和聚合理财等。稳定币又可分为加密资产抵押型和法币抵押型两种类型。

基础设施类的应用则包括预言机、钱包、跨链、数据检索及展示、与价格查询和降低成本相关的Gas应用、治理、身份和KYC工具等内容。

DeFi是在去中心化的分布式环境下的一套代币金融解决方案。去中心化意味着没有权威可靠第三方，以往的法律制度也不再适用；分布式则意味着报价、交易、结算、清算、交割的执行都是异步的，需要一种各方都可接受的公开、公平、公正的制度；此外，去中心化的分布式环境还要求交易合约一旦建立，就必须无条件执行，不受人为干扰。

因此，DeFi在本质上就是构建在公有链系统分布式、去中心、点到点交易上的纯数字资产的自动化和智能化的金融解决方案。DeFi项目的运行以智能合约和代码作为基础，通过智能合约和代码实现业务逻辑和去信任关系。DeFi使用基于区块链和智能合约的机器信任代替了基于人和第三方机构的信任。DeFi 是智能合约的创新应用，是基于区块链构建的、不同于传统的金融服务体系。

DeFi 以代码的确定性取代了人的行为的不确定性，以代码和智能合约的强执行性替代了传统机构和庞杂的法律制度，以机器的高执行效率代替了人的低执行效率。

DeFi 并不是凭空冒出来的，而是有极其清晰的技术和业务发展逻辑和主线的。

作为区块链领域的第一个应用，比特币系统实现了去中心情况下的分布式点到点系统的代币发行、链上非双花支付和实时清算，确保了交易公开透明和链上数据不可篡改。POW 挖矿机制是比特币系统自运行的驱动力量。而以太坊智能合约则为人们在链上建立复杂业务逻辑提供了技术上的基础和可能。POS 机制的 Staking 锁仓挖矿成为以太坊 2.0 系统自运行的驱动动力。

而 DeFi 正是建立在以太坊或其他公有链智能合约平台上的金融业务逻辑的进一步构建和展开。流动性挖矿成为 DeFi 应用在无中心情况下的自运行的驱动力。而比特币系统、以太坊智能合约平台和各种 DeFi 应用则构成了自区块链系统诞生以来不同层面的新的货币金融运行规则和业务逻辑主体。

6.2.2 DeFi 与传统金融的对比

表 6-1 从多个维度给出了传统金融与 DeFi 的对比。

表6-1 传统金融与DeFi的对比

维度	传统金融	DeFi
监管	机构	用户通过非托管账户或智能合约
记账单位	法币	数字资产或稳定币
交易执行	通过中介机构提供便利	通过智能合约
结算	依据交易情况，3～5个工作日	根据区块链情况，秒级到分钟级，7×24小时
清算	通过清算所进行	通过区块链交易进行
治理	通过交易所或监管机构	通过开发者和用户达成的协议
审计	第三方机构	开源代码/公开账本，任何人都可审计
抵押	可以无抵押，存在风险	超抵押
风险	易受黑客攻击和数据泄露	智能合约易受黑客攻击和数据泄露

下面我们具体来看一下借贷。因为借贷可以说是构建 DeFi 应用的基石。

在现实世界中，借贷一般包括抵押借贷和信用借贷。在抵押借贷中，可供抵押的资产内容种类繁多。抵押借贷是传统借贷的主要方式。抵押借贷一般情况下不存在风险或风险比较小。信用借贷则存在比较大的风险，且风险主要存在于贷方，无论是个人对个人的私下借贷、机构对个人的融资，还是机构对个人的借款、机构对机构的借贷，都存在巨大的信用风险。尽管传统借贷方式效率低，借贷成本高，而且需要巨大的法律制度成本作为保障，但传统金融的借贷覆盖范围更加广泛。

在去中心的情况下，DeFi 的借贷方式只能是抵押借贷，一般是以一种虚拟数字资产抵押换取另一种虚拟数字资产。这时抵押资产和借出资产的价格一般由预言机从外部市场获取，通过智能合约实现实时动态清算。当一种虚拟数字资产的外部市场价格发生巨大变化时，有可能导致被抵押的虚拟数字资产价值低于借出的虚拟数字资产价值的某一个商定好的比例，这时如果借入方没能及时补充资产，那么被抵押资产将被强行平仓。

抵押借贷是 DeFi 的重要组成部分。借方基于抵押物和智能合约，可以匿名。基于智能合约，贷方当然也可以匿名，但目前 DeFi 领域的贷方一般是非匿名的中心化机构，这也有用自身信誉做担保的含义在内。目前基于 DeFi 没有办法实现信用借贷，也不能在信用的基础上做出一系列金融衍生。信用贷不仅要知道借款人是谁，要有 KYC，更要对借款人进行信用评价。即使随着技术进步，传统线下的信用评级方式能够逐渐变为线上基于大数据的信用评级，但在 DeFi 领域匿名、无 KYC 的环境下，仍然难以实现信用借贷。

6.2.3 DeFi 市场现状

尽管 DeFi 从 2020 年就成为市场追踪的热点，但 DeFi 市场还存在一系列问题。

- 综合成本居高不下。目前 DeFi 市场的主要模式是去中心化借贷，市场的综合利率超过 20%，如果再计算奖励代币，账面年化回报率将超过 100%。作为在高回报刺激下迅速发展起来的市场，其可持续性令人担忧。
- 市场真实需求不足。DeFi 市场的主要驱动力是流动性挖矿，即对发生的借贷行为进行代币奖励，而代币回报极高。这种模式会导致大量非真实需求的借贷行为产生，借贷这一行为的目标不再是正常的商业需要，而是通过借贷获得大量代币奖励，进而获利。

- 市场杠杆率高。尽管 DeFi 市场处于初级阶段，但高杠杆借贷、数字货币衍生应用层出不穷，放大了市场风险。高杠杆率提升了投资回报率，促进了市场快速发展，但也使得整个系统极其脆弱，一旦底层资产价格发生剧烈波动，可能导致整个系统瞬间崩溃。
- 存在技术风险。2014 年因为代码存在漏洞，以太坊分叉，产生巨大损失。DeFi 项目一旦出现代码风险，往往会导致资产重大损失，例如数字资产的丢失、数字资产的无限产生等。

此外，目前 DeFi 的发展也面临一些实际困境。

- 存在合法性问题。区块链本身具有的抗审查性，给金融监管提出了巨大挑战。市场上假借DeFi概念进行非法集资诈骗的资金盘项目屡见不鲜，“假DeFi项目”加大了执法机构追溯和反洗钱的难度，也对 DeFi 行业产生了负面影响，而真正的 DeFi 项目又很难得到监管机构的认可和背书。
- 安全问题频发。据相关机构不完全统计，2020 年 DeFi 领域内已经发生 40 余起攻击事件，损失金额高达 1.774 亿美元。在 DeFi 热潮下，市场投机性高，很多项目方害怕错过市场机遇期，往往忽略代码审计，用户又因追求高收益而忽略安全问题。
- 公众认知度不够。大众对 DeFi 认知远远不够，DeFi 距离传统意义的“普惠”相去甚远，仅仅把握住了“币圈”的一小部分用户。到目前为止，以太坊智能合约平台上的 DeFi 用户尚不到以太坊拥有非零额代币用户数的 3%。
- 用户体验差。DeFi 应用所使用的有限的服务语种、拗口或自造的金融术语、不友好的用户界面、低效的底层系统支撑、拥堵期高额的手续费、匮乏且不及时的客户服务，都构成了新用户入场的阻碍。一些自称“一站式平台”的 DeFi 项目还处于相对割裂的状态，用户不仅要将代币频繁转出转入才能使用不同服务，甚至需要兑换或持有更多的新币种，增加了新的风险。

DeFi 市场有着极高的进入门槛。尽管其代码开源，但无第三方信任背书，这在某种程度上就要求用户自己能够读懂代码并能够操作使用，而这即使对计算机专业背景的用户来说也不是一件容易的事。

6.2.4 DeFi 的未来

DeFi 这种业务模式出现较晚，发展时间短，其功能远未完善，覆盖的领域也非常狭窄，在某种程度上只能局限在“币圈”。同时，主导 DeFi 发展的更多是一些技术极客，因此 DeFi 市场的技术逻辑和技术的丰富性远胜于金融逻辑和金融业务形态的丰富性。

但 DeFi 蕴藏着改变传统金融的丰富的技术、方法、工具、理念。DeFi 自身也面临着其横向上的功能拓展和纵向上的功能深化的空间，其自身体系内更多模块的功能组合将会带来更多新的功能衍生和功能演化。

1. DeFi 自身功能的进一步拓展

DeFi 作为一个新生事物，其发展有着极其广阔的空间和可能性。这种发展既体现在 DeFi 自身去中心化金融功能的继续深化，也体现在 DeFi 在其能够覆盖的金融业务的广度上的继续拓展。除了继续映射更多传统金融业务，DeFi 能否进一步拓展数字化金融服务边界，丰富数字化金融的服务方式，成为数字化金融的一块试验田呢?

不同 DeFi 应用和服务作为业务组件，其组合也将带来更多新的业务逻辑的可能性。当然，这种组合也有可能带来已有风险的扩散和新的风险。但是任何创新总会带有相应的风险，重要的是在创新带来的收益和可能的风险之间找到平衡。

2. DeFi 与虚拟货币领域中心化金融的融合发展

DeFi 虽然发展迅速，但是目前仍然无法与虚拟货币领域的中心化金融机构相比。现阶段虚拟货币领域的中心化金融无论在用户数量还是资金体量上都占据绝对主宰地位，DeFi 离中心化金融还有很大差距。

中心化金融和 DeFi 都是虚拟货币系统的一部分，也都使用加密资产作为货币层。它们都有各自的优势，中心化金融用户体验好、流动性高、在合规国家有法币通道、产品兑换速度快，而 DeFi 则具有全球性、非托管、可编程、免许可等特点。

中心化金融与 DeFi 的融合可以让双方都能获取尽可能多的价值。中心化金融与 DeFi 的可能结合内容非常多，比如中心化金融的前端与 DeFi 的流动性相结合，可以释放出新金融的更大能量。这种结构也将为 DeFi 在传统金融领域的落地创造出更多可能性。

3. DeFi 向传统金融的渗透

更多传统金融模式的 DeFi 化是 DeFi 将给现实生活带来的最大的改变和贡献，也是 DeFi 作用和价值发挥的根本着眼点。如果没有 DeFi 在传统金融领域的落地，仍然停留在“币圈”这个小圈子，DeFi 永远不可能产生真正的价值，带来更大范围内的金融效率提升。

目前 DeFi 还是建立在区块链公有链和智能合约平台上的应用，未来智能合约是否有可能脱离区块链公有链平台，在传统金融领域更多的业务平台上得到进一步发展和应用，以使得普惠金融和民间金融充分展开还是个未知数。

6.3 NFT 及其未来

2021 年 3 月初，音乐家 3LAU 在双子星交易所支持运行的 NFT 交易平台 Nifty Gateway 上，以 1 100 万美元的价格出售了一张 NFT 专辑。近期，推特首席执行官杰克·多尔西（Jack Dorsey）将他的第一条推特作为 NFT 拍卖，最终以 290 万美元成交。数字艺术家 Beeple 的 NFT 作品《每一天：前 5 000 天》在佳士得拍卖行以 6 900 万美元成交，创造了新纪录。

毫无疑问，NFT 在 2021 年“出圈”了。

6.3.1 NFT 简介

多数人对比特币和以太币可能并不陌生，这一类加密数字资产，每一枚都是相同的，类似于黄金或白银，相互之间可以等价互换，交易时也可以拆分。例如，比特币在交易时可以分割到小数点后 8 位，其最小值被命名为“聪”，是以比特币的创建者中本聪的名字命名的，一个比特币为一亿聪。这种可以互换的加密数字资产被归类为同质化代币，即 FT。

但NFT不可互换，更不能拆分，每一个NFT都是不同的，因此被称作非同质化代币。NFT在某种意义上就相当于带有编号的美元钞票，不会存在两张编号完全相同的美元钞票。

NFT凭借非同质化、不可拆分的特性，使得它可以锚定虚拟世界或现实世界中有价值的资产。NFT可以锚定在区块链上发行的数字资产，这个资产可以是游戏道具、数字艺术品等，这些数字化资产具有唯一性和不可复制性。此外，NFT也可以锚定现实世界中的实体资产。比如，同样具有唯一性和不可拆分等特征的房屋等一类实体资产，在资产数字化之后，这个NFT就可以作为房屋等实体资产的价值载体在市场上流通。

相较于传统数字资产，由区块链技术加持的NFT可以确定数字资产的所有权，相当于数字资产有了一个“身份证”，在资产流转交易中就可以凭借其身份信息判断它是否为原件。

在知识产权领域，NFT起到“专利局”的作用，它对每一个独一无二的内容进行版权登记并识别其专利。NFT可以代表一幅画、一首歌、一项专利、一段视频、一张照片，或者其他产品的知识产权。

6.3.2 NFT突然“翻红”

NFT起源于2017年年底被创造出来的ERC-721协议。2018年在区块链领域爆红的加密猫用的也是NFT技术，系统给每只猫一个特殊的标记编号，使它成为独一无二的猫。

创立已经超过4年的NFT，为什么会在2020年下半年突然火爆呢？

据Nonfungible估计，2020年年底NFT的市场价值相比2017年增长了705%，达到3.38亿美元。Cryptoslam的数据显示，截至2021年3月1日，NFT卡牌收集游戏*NBA Top Shot*历史成交总额已超过2.6亿美元，买家达到83 766人；位居第二的NFT收藏品项目CryptoPunks历史成交总额为9 078.1万美元，买家为1 764人；NFT数字艺术收藏品项目Hashmasks以3 499.4万美元的历史成交总额排名第三，买家为2 054人。

NFT突然“翻红”，至少有四个原因。

- 投机和跟风炒作的推动。区块链“币圈”是一个需要不断讲故事、不断产生新故事的场域。从前几年的交易所到接下来的各种合约交易，再到 2020 年和 2021 年的 DeFi 和 NFT，“币圈”几乎就是由一个又一个故事支撑起来的。这些故事确实存在有价值的内容，但更多的是投机者在兴风作浪和浑水摸鱼。这一波 NFT 热潮，投机和炒作成分更大。

- 新一代年轻人的价值认知发生了改变。这一代年轻人是伴随互联网成长起来的一代人，其价值认识和价值判断不同于传统，更看重自己在虚拟世界的身份和价值。参与 NFT 交易的买家以年轻人居多就说明了这一点。
- NFT 及其相关技术已相对成熟。近几年以以太坊为代表的公链、智能合约、跨链、去中心化金融等技术已相对成熟，为 NFT 的发展奠定了比较好的技术基础，也为 NFT 与这些技术的结合进而产生新的技术组合提供了保证。
- NFT 的价值得到较为充分的认可。NFT 有价值，未来也有发展空间，无论是数字世界还是物理世界，都存在大量具有唯一性且不可分割的资产需要可靠的表达方式并作为价值载体，而原来的技术手段，包括区块链早期的代币技术并不能很好地完成这一任务。

6.3.3 NFT 的安全隐忧

一些 NFT 丢失事件见诸报端，这引发了人们对 NFT 资产安全性的担忧。

前面提到的音乐家 3LAU 出售的 NFT 专辑后来丢失了，当然这并不是个例。Nifty Gateway 上也有几个用户报告自己的 NFT 集合丢失了。最近，加密艺术品网站 VIV3 被攻击，官方关闭了网站登录通道，使得之前抢购了该平台艺术品包的用户无法登录和提取 NFT。

NFT 丢失的现象与其数据存储问题密不可分。由于区块链的存储容量限制，很多 NFT 所代表的内容和元数据与 NFT 智能合约的存储是分开的。基于智能合约的 NFT 一般情况下不会直接存储其代表的内容和元数据，而是将其存储在区块链智能合约以外的存储设备上，这个存储设备可能是中心化服务器，也可能是云。这样就会带来两类不同的安全问题。

一是 NFT 代币本身的安全问题。与比特币、以太币自身的安全问题类似，用户务必保护好自己的私钥，如果私钥丢失或损坏而没有做备份，就意味着 NFT 将彻底无法找回。

二是链下或链外数据的安全问题。如果存储NFT所代表的内容和元数据的中心化服务器或云系统发生故障或损坏，就意味着这些内容丢失了。因为大多数NFT只能链接到一个统一资源定位系统（Uniform Resource Locator，URL）上，这意味着URL对应的存储内容可以被更改。即使将NFT所代表的内容和元数据上传到星际文件系统中，也不能完全保证数据不会被复制。星际文件系统只是告诉用户某个节点在相关地址存储了数据，如果其他节点对相关数据感兴趣，也可以复制。

6.3.4 NFT面临的法律风险

NFT还存在法律风险。

首先，借助区块链的智能合约可以确保NFT交易的安全可靠，但区块链智能合约在大部分国家和地区是没有法律效力的。区块链智能合约可以保证NFT的交易交割不会存在违约等问题，但如果NFT的交易违背了当事人的真实意愿，或交易本身违背法律法规或公序良俗，目前法律法规对此是没有保证的。

其次，NFT如果与线下物理世界的资产发生关联，则需要更多的制度保障。这类似于需要一系列制度来保证我们在上海证券交易所购买的某家公司的股票对应这家公司的一部分资产一样。例如，NFT要想作为房屋的价值载体在市场上进行交易，那么至少需要房管局对房屋的使用权进行确认，同时由相关部门根据法律法规规定，将这个房屋的使用权界定到唯一的NFT上，这样才能实现资产数字化以及资产数字化之后的交易。

目前，NFT还处于发展的早期阶段，无论是技术发展、法律法规的配套、交易方式的创新，还是与其他模式的组合，都有待进一步观察。虽然NFT有其自身技术上的创新，在数字世界和现实世界也会有更加广阔的应用空间，但目前NFT市场无疑已经存在泡沫，火爆程度与其对应的市场价值发生了较大的背离，市场火爆也仅是区块链一部分“币圈”人的自娱自乐罢了。

6.3.5 NFT的抵押借贷模式是否成立

如果NFT仅仅抵押基于ERC-721协议生成的线上资产，则借贷行为存在巨大的风险，风险点来自被抵押的NFT自身的价值能否在更大范围内得到认可，以及如果需要，这种价值能否快速变现。

如果被抵押的纯线上NFT确实有价值，而且其价值能够获得部分人的认可，则可以通过等额标准化拆分，对其额度进行标准化交易，也就是把基于ERC-721协议的NFT资产转化为ERC-20资产，对拆分后的ERC-20资产通过标准化交易实现其价格发现功能。这个过程既是增加NFT价值流动性的过程，也是其价值得到更大范围认可的过程。当然，这个过程无疑会产生巨大的泡沫，也会有各种投机和炒作。

6.3.6 NFT的未来发展

1. NFT的未来发展可能面临的问题

如果没有OTC场外市场，区块链的链上资产的交易和兑换到目前仍然会是空转和游戏，除了在技术上有其探索意义，不可能产生价值，更不可能有交易价格。

由于非同质化性质，NFT具有一定的技术特征，但如果这种特征不能与链下现实世界的资产发生关联，那大概率仍然是空转。未来纯数字世界会产生和出现一些有价值的NFT产品，但数量不会太多，类似于人类世界有那么多书法家、画家、作家、诗人，但几千年来流传下来的有价值的艺术品总量也就那么多。

NFT要与链下实物资产发生关联，仍然需要权威机构对其关联做出保证，同时实现对链下资产的保管、鉴定和交割手续的履行。而这些内容不是仅仅一个权威机构就能够全部完成的，更需要一整套法律制度为其做出安排。

即使这些问题都解决了，NFT所表征的链下资产不可分割，其定价、交易、交割也仍然会局限在一个小范围内进行，而不应该形成全民热炒的局面。类似于现实世界中从事文物、字画收藏拍卖的人，也只是全人类总数中的一小部分。

2. NFT会是未来的发展趋势吗

如果套用现实世界来对照，同质化代币就是标准品，非同质化代币就是非标产品。非标产品的特性会导致其交易方式极其有限，挂牌或者竞价，或私下达成交易，而这会极大地阻碍其定价和流通，抑制其金融衍生功能的发挥。

同质化代币可以映射到现实生活当中大部分标准品。标准品在其现货交易基础上又可以衍生出各种金融功能，产生出更多金融产品，这又会极大促进流通，也会极大提升产品的价格发现功能。

从数量上说，现实世界的非标品肯定远多于标准品。但在数字化迁移过程中，任何现实世界的产品要转化成数字世界的内容，都需要相应的制度做保障。非标产品的性质要求每一个非标产品都要有一种相应的制度作为保障，因此其制度保障成本会极高。标准品由于其自身的标准化因素，在数字化迁移过程当中其制度保障成本会由于规模化而降到很低的水平。这种制度保障成本也决定了能够映射到链上的非同质化产品数量会相当有限，这也会制约非同质化代币所代表的数字化产品的交易流通规模。

NFT 最大的价值可能不在于 NFT 本身，而是 NFT 作为一个技术组件赋能其他实体或系统。NFT 通过在其他实体或系统中为数字化元素起到数据唯一可信标识和数字确权的作用，从而使得其他实体或系统内部的数字化要素，以及这些数字化要素与物理空间中的实体要素能够有机地结合和匹配，实现虚拟世界与物理世界的数字孪生关系，进而以更加充分而丰富的数据元素种类和数量、数字化逻辑推动数字化转型以及元宇宙世界的实现，促进虚拟世界与物理世界的交互。

6.4 虚拟货币市场监管①

6.4.1 虚拟货币市场监管面临的挑战

随着区块链技术的发展和普及，基于区块链技术的虚拟货币从 2017 年开始大量涌现，进而形成了具有相当规模的虚拟货币市场。但以比特币为代表的虚拟货币具有匿名性，有被犯罪组织利用作为非法交易工具的可能。因此，尽管虚拟货币被民众广泛

① 本部分内容为上海散列信息科技合伙企业“密钥管家”项目集体完成成果。

持有，也得到越来越多的应用，但绝大多数国家没有将虚拟货币认定为货币，对虚拟货币交易也都实施强监管政策。

全球金融监管机构在对比特币等虚拟货币实施监管时，基本都将监管对象聚焦在为虚拟货币与法币进行兑换的虚拟货币交易所。如果虚拟货币只与法币双向兑换，并且交易所严格执行 KYC 政策，那么监管机构能够对大部分交易进行追踪。中国银发〔2013〕289 号文件《关于防范比特币风险的通知》明确要求“切实履行客户身份识别、可疑交易报告等法定反洗钱义务，切实防范与比特币相关的洗钱风险”。但是，如果虚拟货币不与法币发生关联，交易仅仅发生在虚拟货币之间，那么监管机构就难以对交易进行有效追踪。事实上，这也是许多传统金融机构对虚拟货币敬而远之的原因之一。

随着越来越多虚拟货币场外交易所的出现，KYC 政策的执行遇到极大的挑战。如果监管机构不能对虚拟货币交易进行有效监管，包括将其纳入反洗钱系统，那么一旦虚拟货币脱离现有监管体系，与现有金融体系发生大规模关联，这将给目前的金融体系带来巨大风险。目前唯一的办法就是敦促虚拟货币交易所制定足够严格的 KYC 政策，强制将虚拟货币交易纳入反洗钱系统中。

另外，随着比特币价格趋于稳定，很多个人和机构开始接受和持有比特币，整个交易流程不再需要法币介入。这给金融监管带来了更大的挑战。

6.4.2 虚拟货币被作为非法交易工具

虚拟货币具有匿名性，可能被犯罪组织利用作为非法交易工具，举例如下。

- 暗网能够匿名和非法地以虚拟货币为交易工具，买卖毒品和其他非法商品及服务。2014 年美国纽约警方宣布取缔一家暗网网站，没收了大约 29 655 枚比特币（按当时的比特币价格，约 2 800 万美元）。这些比特币随后被美国司法部拍卖。
- 比特币被勒索病毒当作恢复文档的赎金。2017 年 5 月，全球互联网爆发了 WannaCry 勒索病毒，短短数日就有 150 多个国家的网络相继沦陷。被病毒感染的计算机等终端的文档被加密，导致工作无法正常开展。受害者被要求支付价值 300 美元的比特币赎金至指定账户地址以换得文档解密。此次网络攻击造成的全球直接损失总计约 80 亿美元。

- PlusToken 利用虚拟货币组织开展传销活动。PlusToken 原本是一个去中心化的虚拟货币钱包，支持比特币、以太币、莱特币、狗狗币、比特现金、瑞波币等多种虚拟货币。为了获取更多非法利润，PlusToken 采取传销方式吸纳会员。截至 2019 年 3 月 15 日，该平台会员超过 100 万人，收取会员费超过百亿元。2019 年 6 月 27 日，PlusToken 钱包发生挤兑，无法提币。同日，瓦努阿图共和国执法部门抓获多名利用 PlusToken 网络平台从事传销犯罪的犯罪嫌疑人。据查，PlusToken 钱包中的以太坊钱包地址在查获前两个月尚存 789 511.45 枚以太币，价值约 2.339 亿美元。
- 美国司法部破获多起以比特币为交易工具的违法犯罪活动。美国司法部于 2020 年 2 月 3 日拍卖 4 040.540 698 20 枚比特币，按当时的比特币价格，约为 4 000 万美元。这些比特币是美国司法部在数十件联邦刑事、民事和行政案件中没收的。

6.4.3 世界主要国家和地区的虚拟货币监管政策

虚拟货币产业链主要由交易所、矿池、钱包、项目方、托管机构、场外交易、媒体、社群等部门组成，这些部门也是虚拟货币领域的重点监管对象。但虚拟货币毕竟是一个新生事物，不同国家市场开放程度、金融监管能力、监管重点各不相同，因此各个国家对虚拟货币的认识、监管重点、监管内容和监管力度也不尽相同。但世界主要国家都把对虚拟货币的监管列为当前工作的重点。

1. 中国

2013 年 12 月，为保护社会公众财产权益、保障人民币法定货币地位、防范洗钱风险、维护金融稳定，中国人民银行、工业和信息化部等多个部委联合印发了《关于防范比特币风险的通知》。该通知明确了比特币的性质，认为比特币不是由货币当局发行，不具有法偿性与强制性等货币属性，并不是真正意义的货币；从性质上看，比特币是一种特定的虚拟商品，不具有与货币等同的法律地位，不能且不应作为货币在市场上流通使用。

2017年年初起，通过ICO方式进行代币发行的融资活动大量涌现，投机炒作盛行，这些行为已经涉嫌非法金融活动，严重扰乱了经济金融秩序。为贯彻落实全国金融工作会议精神，保护投资者合法权益，防范化解金融风险，七部委于当年9月联合发布了《关于防范代币发行融资风险的公告》。该公告认定，“代币发行融资是指融资主体通过代币的违规发售、流通，向投资者筹集比特币、以太币等所谓‘虚拟货币’，本质上是一种未经批准非法公开融资的行为，涉嫌非法发售代币票券、非法发行证券以及非法集资、金融诈骗、传销等违法犯罪活动”。

2019年11月，深圳市地方金融监督管理局在其官网发布《关于防范“虚拟货币”非法活动的风险提示》的通告，称“近期借区块链技术的推广宣传，虚拟货币炒作有所抬头，部分非法活动有死灰复燃迹象”。通告还称，相关部门将对非法活动展开排查取证，一经发现，将按照《关于防范代币发行融资风险的公告》要求严肃处置。

2021年5月21日，国务院金融稳定发展委员会召开第五十一次会议，会议要求，“打击比特币挖矿和交易行为，坚决防范个体风险向社会领域传递”。

2. 美国

美国“2020年虚拟货币法案”将“联邦数字资产监管机构”或“联邦密码监管机构”的定义分配给三个机构，分别为商品期货交易委员会、证券交易委员会和金融犯罪执法网络，将数字资产分为三类：虚拟货币、加密商品和加密证券。

联邦密码监管机构属于其中一类，被定义为唯一有权监管以下内容的政府机构。这些政府机构包括：美国商品期货委员会，负责加密商品；证券交易委员会，负责加密证券业务；美国财政部下属金融犯罪执法网络，负责虚拟货币业务。每个联邦密码监管机构都被要求向公众提供并保持所有联邦许可、证书或注册的最新列表，这些许可、证书或注册是创建或交易数字资产所必需的。要求财政部部长通过FinCEN建立类似金融机构追踪虚拟货币交易能力的规则。

2019年，美国证券交易委员会发布了指导方针，确定了数字货币的证券合法性并对欺诈性加密资产交易网站、加密行业发布了多则警告。自5月末起，美国国家税务局便开启了针对虚拟货币交易税收的监管。6月，美国国家税务局确定了数个虚拟货币交易税收具体问题，同时于6月末开始审核纳税人的虚拟货币资产。10月，美国国家税务局发布5年来首份虚拟货币税收指南，同时表示或将加大对虚拟货币交易者的审计力度。年末，美国国家税务局又发布了有关虚拟货币分叉的征税指导意见。

美国对数字货币的监管不仅体现在合规和税收方面，也体现在政策的扶持方面，如为银行提供明确的数字资产业务许可，还包括以促进区块链技术合法化、推动区块链应用为目的的立法，例如允许政府实体采用区块链技术、签署将区块链技术纳入法律的法案等。

3. 日本

2018年4月，16家日本持牌交易所联合成立自律监管机构"日本数字交易所协会"，该协会除了制定相关业界标准，还与日本金融服务局携手起草并建立首次发行通证的指南。

2019年3月，日本虚拟货币商业协会为促进日本区块链业务的健康发展，根据日本金融厅公布的《虚拟货币交换业研究报告》中关于应对ICO部分的内容，提出了"关于ICO新监管的建议"。建议主要分为四点，一是关于日本国内交易所处理虚拟货币扩张的问题，其中包括稳定币等；二是关于金融商品交易法的限制对象中代币与结算相关规定，包括控制代币区分和限制级别的调整；三是关于安全代币的限制，包括安全代币作为有价证券情况的明确化；四是关于实用代币的限制，须排除对商业法规的某些限制，对虚拟货币交易所施加过度的义务是不妥当的以及会计准则明确化等。

2019年5月，日本通过《资金结算法》和《金商法》修正案，修订了《基金结算法》和《经修订的金融工具和交易法》。修订内容包括创建了没有明确限制的虚拟货币交易规则并禁止市场操纵等行为；虚拟货币被重命名为"加密资产"，以防止使用诸如日元和美元等合法货币进行错误识别；通过在《金融商品交易法》的规定中添加虚拟货币，将限制投机交易。

4. 欧洲

2018年7月9日，《欧盟反洗钱5号令》〔DIRECTIVE（EU）2018/843，AML D5〕正式颁布，该法令对现行的欧洲反洗钱条例进行了一些重大修订，旨在提高金融交易的透明度，以打击欧洲各地的洗钱和恐怖主义融资活动。该法令首次扩大了监管范围，将虚拟货币－法币交易所或托管钱包提供商等虚拟货币服务提供商纳入其中。欧盟委员会于2018年10月28日制定了《欧盟反洗钱6号指令草案》〔DIRECTIVES（EU）2018/1673〕。

德国联邦财政部于2019年10月19日发布《2018—2019年初版洗钱和恐怖主义

融资国家风险评估》，旨在识别在德国反洗钱和恐怖主义融资领域中现有的和可能出现的风险。在《欧盟反洗钱5号令》生效后，德国金融机构将获得法律和监管机构的批准，可以持有包括比特币在内的虚拟货币并提供相关帮助。

根据《欧盟反洗钱5号令》，德国立法机构于2019年11月29日制定了有关加密资产的新规定。《欧盟反洗钱5号令》要求欧盟成员国的虚拟货币交易所和钱包提供商在地方当局注册。德国要求在该国运营的股票市场和钱包提供商从德国银行监管和监督机构BaFin获得许可证。2020年1月1日以后成立的公司必须先获得许可证，否则其活动将是非法的。

英国政府更改、修订了该国反洗钱和反恐怖主义融资法规，而且全面遵守《欧盟反洗钱5号令》的新监管要求。英国金融行为管理局表示，本次涉及的加密实体包括数字货币兑换提供商（提供法定货币和虚拟货币兑换，以及虚拟货币和虚拟货币兑换服务的交易平台）、比特币ATM运营商、P2P市场提供商、新发行加密资产的实体、托管钱包服务提供方等。

6.4.4 虚拟货币难以监管的原因

比特币等虚拟货币是基于区块链技术生成的，该类型虚拟货币系统支持账户生成和实时交易，具有账户匿名、网络去中心化运行、账本分布式存储和可跨境交易等特点，混币交易方式又使得实时转账的虚拟货币难以准确监控其来源和去向。

1. 账户匿名

虚拟货币的账户基于公钥加密体制，无须认证、可离线生成，具有很强的匿名性。同时虚拟货币账户可以零成本无限生成，这使得基于传统金融的KYC账户识别方案在虚拟货币系统中难以推广。

2. 网络去中心化运行

比特币等虚拟货币系统是由分布在全球各地的节点服务器构成的点对点网络，比特币系统网络节点数量超过10 000个，节点可以动态加入和退出，单个节点仅拥有当前网络的局部信息而不拥有整体信息，具有去中心化的特征。

3. 账本分布式存储

比特币等虚拟货币基于分布式账本技术存储，系统中所有节点都拥有完全一致的账户交易数据，这些数据公开透明，所有账户的余额及每一笔交易数据都可查询、可追溯。

4. 可跨境交易

比特币等虚拟货币基于全球化的去中心化网络，账户转账交易可在全球不同国家间实时进行，而且交易具有抗审查和无法逆转等特点。

6.4.5 当前虚拟货币监管的主要技术手段

1. 公有链区块数据同步

目前被广泛使用的虚拟货币包括比特币、以太币、泰达币等。对这些主流虚拟货币实施监管，需要部署对应公有链的节点，同步完整的区块数据，分析所有的数据包括账户列表以及交易历史等。

2. 节点 IP 地址定位

比特币网络为 P2P 网络，没有“中央”服务器或控制节点，但是比特币节点具备发现其他节点的能力，因此，从一个已知的比特币节点出发，通过模拟比特币协议的节点发现过程，即可获取其相邻节点的 IP 地址。对遍历得到的节点依次模拟节点发现过程递归，可遍历整个比特币网络的 IP 地址，进而定位每个节点的物理地址。

3. 账户画像

比特币的账户地址是一个哈希编码，监管者并不知道这些地址对应现实世界中的哪些人，也无法查到每笔交易具体关联了现实世界中的哪些人，因此对比特币账户内容的分析和画像就变得至关重要。如果要追踪某个用户比特币的来源或者去向，只要能获取该用户的比特币账户地址，便可以找到最近和这个账户发生关联的所有交易 txid（transaction id），从而可以沿着交易树回溯到所有的 Coinbase 记录或者向后溯源该地址所有已花费的 UTXO（Unspent Transaction Output，未花费的交易输出）的去向，通过遍历得到所有交易相关账户信息，综合分析其所属的用户或者机构，从而得到 KYC 等真实用户信息。

4. 特定地址交易监测

对于单笔比特币的交易实时追踪溯源需求，可以通过访问区块链浏览器，输入交易产生的唯一 txid 以观察资金流向，也可以直接调用比特币客户端提供的 RPC（Remote Procedure Call，远程过程调用）接口，直接与比特币全节点客户端的 leveldb 进行交互，从而达到监测特定地址实时交易动态的目的。

5. 附言内容提取

比特币、以太币等虚拟货币在转账交易过程中可以增加转账附言。一些用户通过此功能发送转账交易内容信息,此类交易附言内容可以通过相应工具进行识别和提取。

6.4.6 全球主要虚拟货币交易监管公司

1. Chainalysis 公司

Chainalysis 公司是一家美国公司，成立于 2014 年，主要为虚拟货币交易所、国际执法机构以及其他类型客户提供比特币交易分析软件，帮助他们遵守合规要求、评估风险、识别非法活动。Chainalysis 公司希望成为数字货币与传统银行之间联系的桥梁。

2019 年 2 月 Chainalysis 公司 B 轮融资的总额为 3 600 万美元，风险投资公司 Accel Partners 领投 3 000 万美元，日本最大的银行三菱 UFJ 金融集团参与了额外的 600 万美元投资。

2. Elliptic 公司

Elliptic 公司于 2013 年在英国成立，是一家比特币交易监控公司，旨在调查比特币区块链网络上进行的非法活动并为金融机构和执法机构提供可用的情报。该公司基于人工智能技术发现比特币区块链网络上的可疑交易，同时对可疑交易实施技术跟踪。

2019年Elliptic公司获得了日本SBI Holdings集团领投的2 300万美元B轮融资。Elliptic公司表示，这笔资金有助于推动Elliptic公司在亚洲的扩张。Elliptic公司分别在新加坡和日本开设了办事处。

3. Neutrino公司

Neutrino公司成立于2016年，位于意大利。Neutrino公司通过分析和追踪虚拟货币流向，为顶级金融服务公司和执法机构提供解决方案。

2019年2月，Coinbase公司宣布以1 350万美元收购Neutrino公司。

4. 慢雾科技

厦门慢雾科技有限公司（简称慢雾科技）成立于2018年1月，专注于区块链生态安全，服务内容包括安全审计、安全顾问、防御部署、威胁情报、漏洞赏金并配套相关安全产品。

5. 成都链安

成都链安科技有限公司（简称成都链安）成立于2018年3月，是最早将形式化验证技术应用到区块链安全领域的团队。该公司研发了全球领先的智能合约自动形式化验证平台VaaS，同时基于此建立了Beosin“一站式”区块链安全平台，为区块链企业提供安全审计、资产追溯与反洗钱、隐私保护、威胁情报、安全防护、安全咨询等全方位的安全服务与支持。

2020年1月，成都链安宣布获得多轮融资，共计数千万元，由联想创投、复星高科领投，成创投、任子行战略投资，分布式资本、界石资本、盘古创富等老股东均跟投，这也是链安科技继2018年5月获分布式资本种子轮投资，2018年11月获界石资本、盘古创富天使轮投资后开展的第三轮和第四轮融资。

6. 北京链安

北京链安网络科技有限公司（简称北京链安）成立于2018年5月，主要提供链上的代码安全审计、数据追溯、安全评测等服务，同时为区块链C端手机App提供防破解、防篡改的安全解决方案。

2019年6月北京链安宣布获得来自赛迪凤凰和柒典基金的数千万元天使轮投资。在此之前北京链安曾获得JRR数百万元种子轮投资。

6.4.7 国外虚拟货币交易监管的主要需求

政府机构是虚拟货币监管服务的主要需求方。美国政府部门已累计与虚拟货币交易监管公司签订了价值近1 000万美元的合同，其中金额最大的一份合同来自美国国家税务局，价值160万美元。来自美国联邦调查局的一份关于“基于浏览器系统的许可”合同价值120万美元。来自美国移民海关总署与“软件许可”相关的合同金额为100万美元。各机构最有可能重点关注的问题如图6-1所示。

政府机构	可能关注的问题
美国联邦调查局	洗钱与恐怖主义融资
美国国家税务局	避税
美国缉毒局	毒品黑市
美国移民海关总署	贩卖人口、汇款
美国证券交易委员会	ICO与证券欺诈

图6-1 美国主要政府机构对虚拟货币领域最有可能重点关注的问题

以Chainalysis公司为例。从公开资料来看，美国政府采购的服务绝大多数来自Chainalysis公司。2014年Chainalysis公司助力当时全球最大虚拟货币交易所MtGox被盗比特币调查，明确65 000枚比特币流向时，同时与美国政府建立了密切的合作关系。此后不久，该公司又帮助美国政府破获了几起网络犯罪事件。

同时Chainalysis公司也与欧洲刑警组织、荷兰警察部门、联合国毒品和犯罪问题办公室等政府部门开展合作。

除了与政府部门合作，Chainalysis公司还与币安、Coinbase等交易所以及巴克莱银行、蒙特利尔银行等金融机构合作。

6.4.8 虚拟货币交易监管案例

2017年，美国佛罗里达州一名妇女因服用过量芬太尼类药物致死，而这些药物则来源于暗网 AlphaBay 一家名为 ETIKING 的供应商。美国缉毒局一开始并没有围绕虚拟货币交易展开调查，而是依据线人提供的信息找到 ETIKING 的卖家杰瑞米·阿奇并将其逮捕。

相关人员使用 Chainalysis Reactor 分析了与 ETIKING 有关的虚拟货币交易信息。第一步就是获取杰瑞米·阿奇的比特币交易地址。当把上述比特币交易地址输入 Chainalysis Reactor 系统中，就可以看到与该地址关联的交易对手信息，依此还可以追溯这笔交易前交易对手所使用的其他服务(比如是否在虚拟货币交易所进行过交易)，同时也能扩展到其他犯罪分子的信息。

同时相关人员还获得了与 ETIKING 账户地址有关的“接收陈列”和“发送陈列”信息。当仔细查看接收陈列的信息时发现不同类型的交易对手将虚拟货币发送给 ETIKING。这表明被监测账户显然接收了大量比特币，同时与执法机构此前收集的情报相吻合。而在发送陈列中，相关人员看到可疑账户将大量比特币发送到交易所以及其他服务商（比如 P2P 交易所等）。据推测，这些可能是 ETIKING 希望将那些从暗网获得的比特币转换为法定货币所做的一系列交易动作。在“发送陈列”或“接收陈列”中，分析人员获取了与 ETIKING 有过交易的服务地址列表。

执法机构通过以上调查获得 ETIKING 将比特币存入的交易所信息，由此执法机构就可以传唤这些交易所并获取更多与 ETIKING 相关的真实账户信息，然后开始审理案件。

在以上对虚拟货币交易的监测过程中，Chainalysis Reactor 及相关区块链分析系统主要提供了两类服务。

1. 公有链实时监控分析

此类软件或系统可以查阅主流虚拟货币系统区块数据的账户信息、交易历史信息，并提供实时监测服务，包括比特币、以太币等。通过建立账户身份信息数据库，随时查看可疑账户交易记录和报告历史，同时定期对账户身份信息进行有效性审核并及时修订账户风险评级。风险评级按照系统初评、人工复评、动态触发评级和定期复核评级等流程进行。

通过分析公有链各类交易业务，设定数据抽取规则，再抽取账户数据及交易数据至反洗钱系统数据仓库。系统根据设定的可疑交易标准、反洗钱黑名单等条件筛选出可疑账户、可疑交易相关信息。

2. 调查取证

此类软件或系统还可以为监管机构等提供专业的虚拟货币账户和交易调查分析以及取证服务。通过时间监控分析系统以及区块链分析专家团队调查加密资产犯罪事件，发现相关可疑活动并生成调查报告。实时追踪涉案账号的资产动向，帮助执法部门掌握嫌疑账号的资产转移目的地，进而通过账户综合分析追踪可疑账户对应的真实用户身份，出具符合司法取证要求的取证报告。

第7章 区块链产业落地应用探讨

建立在区块链系统上的虚拟货币应用屡屡创新，但区块链在产业领域应用落地难、与场景结合难、发挥效益难，几乎成为区块链技术和系统发展的最大困境。部分原因在于，区块链在货币金融领域的应用从一开始就不是着眼于修正、完善、补充现有的货币金融体系，而是完全颠覆现有的货币金融体系。区块链与其他行业的结合必然要立足于完善、补充、修正现有行业的业务逻辑并提高行业效率，解决行业痛点。

7.1 区块链在供应链金融领域的应用

7.1.1 供应链金融及其存在的业务痛点

供应链金融是指以核心客户为依托，以真实贸易背景为前提，运用自偿性贸易融资的方式，通过应收账款质押登记、第三方监管等专业手段封闭资金流或控制物权，对供应链上下游企业提供的综合性金融产品和服务。

供应链金融的参与主体众多，涉及核心企业、上下游企业、第三方物流公司等。核心企业在供应链中起主导作用，是供应链上物流、信息流和资金流的集散地。

与传统信贷业务不同，银行基于供应链金融业务开展授信的依据主要是融资企业的非现金流动资产。供应链金融是一种封闭式的自偿性融资方式，通过借助核心企业的供销渠道、信用担保等，为供应链中处于弱势的中小企业提供发展所需的资金，以盘活中小企业的非现金流动资产，从而提高整条供应链的运作效率，同时反作用于银行对中小企业的贷款决策。

当前供应链金融领域存在以下问题。

一是供应链信息不透明。在传统供应链系统中，信息孤岛普遍存在，各参与方相互割裂，各自保存各自的信息，没有有效的共享渠道和途径。如核心企业与其上下游企业的交易信息都只存储于各自的系统中，彼此的数据无法相互校验；金融机构授信信息也仅仅掌握在金融机构手中。供应链信息不透明，参与者无法了解整个交易流程中的相关信息和进展，这降低了供应链的运作效率，加大了协同操作的难度和风险。对银行等金融机构而言，信息不透明则造成其无法从供应链系统中获得有效数据，进而影响到对交易真实性的评价，难以满足很多真实且急迫的融资需求。

二是授信对象具有局限性。由于信息处于孤岛状态，金融机构出于风险管控考虑，最多只是基于核心企业的主体信用，给垂直业务的上下游企业授信。防范风险扩散的要求也使得金融机构只能将其服务对象局限于一级供应商与经销商，而处于供应链远端的中小企业的融资需求很难得到满足。赊销是当前市场环境下买方的主要贸易结算方式，相应的账期也从30天延长到60天、90天甚至180天。上游供应商存在较大的资金缺口，但核心企业的信用传递不到供应链的尾端，下游企业难以获得银行的优质贷款。

三是违约风险高。当前供应链管理体系对链条内企业的约束能力较弱，这为恶意虚假交易等可能的违约行为留出了较大的操作空间。供应商与买方、融资方与金融机构之间的最终现金结算在涉及多方交易或多级交易时，违约风险会成倍增长。

四是监管难度大。供应链金融的电子化程度较低，文件多以纸质形式为载体，操作也多依赖于人工，加之银行间信息不互通，监管滞后，容易被不法企业“钻空子”，以同一单据重复融资，或虚构交易和物权凭证。例如，2012年某地区出现的钢贸融资虚假仓单，2014年某港口出现的大宗商品仓单重复质押骗贷丑闻。

综上，我们可以发现，传统供应链金融面临的问题根源在于数据和信任两个方面。在数据方面，各信息系统相互割裂，信息孤岛普遍存在，使得信息不能有效传递，资金流、信息流、物流和商流“四流”融合困难，同时各信息系统具有中心化的性质，存在信息和数据被篡改和造假的可能。信任问题则主要体现在供应链金融中参与主体的信用无法依照供应链进行多层级有效传递。

7.1.2 区块链给供应链金融带来的优势

1. 区块链在技术层面给供应链金融带来的优势

区块链加持供应链金融，可以在技术层面为供应链金融带来以下优势。

- 在网络结构方面，区块链基于点对点的网络架构，为没有显著的层级或从属关系的参与方跨机构协作提供了便利，只要将业务规则固化到区块链的相关设置中，即可开展合作。

- 在信任建立和维护方面，区块链使得各个参与方可以在没有第三方做信任背书的情况下进行安全交易。区块链最大的作用是可以有效解决“信任”建立和维护问题。区块链上的数据需要多方认证，安全性高，交易无法撤回，同时基于区块链系统的供应链金融还需要进行较为严格的身份认证与反洗钱监管，而这构成了基于区块链的供应链金融的信任基础。
- 在系统稳定性方面，区块链系统高度稳定的特性使得它能够作为供应链金融运作的基础平台，满足供应链金融业务对系统稳定性的要求，使得供应链数据得到有效保护，供应链金融业务流程可以在区块链系统上稳定实施。
- 在存储方面，全体参与者分布式地共同维护一个数据全体可见的账本，通过数据的分布式加密存储，使得数据不可篡改，其完整性得到有效保证。

2. 基于区块链的供应链金融解决方案在业务层面的优势

传统供应链中，“四流”融合非常困难。利用区块链技术，供应链金融以真实贸易为基础，可实现“可信数字化”，进而实现“四流”融合。

基于区块链架构的供应链金融系统能够显著提升实体企业融资的便利性，实体经济会更加积极地推动业务的数字化转型，也能够为金融机构投资、贷款提供可靠的基础信息，显著降低金融机构服务实体经济的风险。此外，区块链架构还可以使金融部门和实体部门的关系变得更加紧密，大大增加资金和实体的“触点”，实体经济的融资方式变得多元化。这种模式也给监管部门监管带来前所未有的便利，可以有效实现穿透式监管和事中监管。

具体来看，基于区块链架构的供应链金融解决方案可以带来以下几个方面的效果。

一是供应链信息更加透明。供应链生态中的参与方依协议共同维护一个公共账本，每一笔交易经全体达成共识后记账，公共账本上的数据全体可见，可有效保证业务参与方的数据访问权。通过数据链上、链下分级加密存储，可在确保数据安全和隐私的前提下，保证数据的准确和不可篡改，实现数据在不同应用间高效自主流转。

二是信用传递更加高效。在传统的融资过程中，核心企业背书的信用会随着应收账款债权的转让不断减弱。区块链技术把现实的应收账款债权映射到链上，同时基于现实法律和合规要求实现债务债权转让、清算等业务。区块链链上数据公开透明、不可篡改、可溯源等特性，允许核心企业背书的信用能够沿着可信的融资链路传递，同时起到信用穿透的作用，解决了核心企业信用难以传递到供应链尾端的难题。

三是可以通过智能合约实现风险的有效管控。金融的本质是能够实现价值的跨期配置。智能合约封装了若干状态与预设规则、触发执行条件以及特定情境的应对方案，是一种特殊协议，是区块链在商业领域发挥作用的重要载体。区块链的智能合约能够承载不同场景下的金融应用，基于智能合约不但能够在缺乏第三方监管的环境下保证合约顺利执行，而且杜绝了人为操作可能带来的违约风险。

四是提升了监管便利性。将供应链信息上链，不仅方便供应链中的上下游企业获得金融支持，方便核心企业信用的传递，便于金融机构基于相关数据判断真实需求并发放贷款，而且极大地方便监管部门加强对贸易和金融的监管。相关各方也可以有效获取监管信息，对"四流"信息进行分析和预警，对贸易的真实性进行分析与核实。

五是降低融资成本，提高融资效率。区块链技术与供应链金融的结合，使得链条上的上下游中小企业可以更高效地进行贸易真实性审查和风险评估，同时由于核心企业能够传递信用，传统业务流程中由于信任程度不足而增加的烦琐核查可以得到大幅削减，金融机构惜贷拒贷的现象也能够得到有效改善。

区块链技术的应用降低了融资成本，提高了融资效率，为从根本上解决供应链上的中小企业融资难、融资贵的问题提供了技术上的支持。

7.1.3 区块链在供应链金融领域的典型应用

区块链与供应链金融相结合，必然会创造出越来越丰富的业务模式，匹配更多的应用场景，实现更加精简的业务流程，孕育出更有价值的金融产品，从而为市场、各类机构、金融服务和业态发展带来更加深远的影响。随着技术层面的改进以及区块链与其他技术的深度融合，区块链将深度满足更多供应链金融场景的需要。

- 供应链金融 ABS（Asset-backed Securities，资产支持证券）。将区块链引入供应链金融 ABS 中，可以解决传统资产证券化在手工作业为主的情况下，参与方众多、协同效率低、人工管理成本高、基础资产管理难和信息披露差等痛点问题。
- 电子合同签订。区块链与电子合同相结合，能很好地解决合同单方篡改问题。
- 资产清收。企业借贷过程中存在大量应收账款到期后本金利息不能及时收回的情况。现有不良资产集中清收存在管理环节多、效率低、维权难、清收成本高的问题。将智能合约运用到供应链金融企业的资产清收中，可以提高资产清收的效率，保证及时借款或还款，避免资产清收出现不良的状况。

- 单证存储。利用区块链储存单证解决了大量纸质单证人工审核滞后、易丢失、易伪造和后期翻查不便等烦琐问题。在授权的情况下，相关人员可随时随地下载单证，提高了单证数据的可信性和融资效率。
- 融资问题。基于区块链架构构造的供应链金融系统，可以将以核心企业为中心向外延伸的一级供应商 / 经销商乃至 *N* 级供应商 / 经销商的供应链上下游企业信息、业务关系、合同以及债务信息公开透明化，解决供应链金融中小企业融资互信难的问题。

目前区块链技术在资产证券化、应收账款融资、仓单融资、票据电子化等场景都有大量实际案例落地，表 7-1 给出了区块链在供应链金融领域的落地场景与应用案例。

表 7-1　区块链在供应链金融领域的落地场景与应用案例

落地场景	应用案例
跨境保理融资	联动优势跨境保理融资授信管理平台
发票征信融资	航天信息供应链金融支持服务系统
应收账款融资	“微企链”供应链金融服务平台、平安银行SAS平台
汽车供应链金融	“运链盟”汽车供应链物流服务平台、福金All-Link系统
防伪溯源	京东区块链防伪追溯平台
供应链金融ABS	链平方（s-labs）
大宗商品	浙商银行“仓单通”
物流金融	丰收科技-顺丰控股融易链

当前区块链在供应链金融领域应用场景的探索与业务需求结合紧密。从实际应用来看，近 1 ~ 3 年主要以区块链 + 应收账款为主，而且很多应用探索都是非区块链单一解决方案，是区块链与云计算、大数据、人工智能、物联网等新兴技术融合的综合应用探索。

随着区块链适用于供应链金融的技术逻辑和业务逻辑逐渐清晰，相关的应用探索正逐步深入，实践案例不断增加，中国工商银行、中国农业银行、中国建设银行、平安银行、微众银行等银行已经在供应链金融领域中实现了场景落地。

7.1.4 区块链在供应链金融领域落地的前景

供应链金融系统的区块链改造能否推进，与核心企业的态度有直接关系，而核心企业的态度又取决于其所处的市场位置和竞争环境。

如果核心企业在其所处领域占据绝对龙头位置，上下游供应商都围绕它进行竞争，这时核心企业往往没有动力让渡自己的信用、推进供应链金融的区块链改造，也没有动力让自己和相关上下游供应商形成紧密绑定关系，从而限制自己的选择空间。

如果核心企业在其所处领域并非占据绝对龙头位置或者龙头位置不稳定，或者所在领域竞争关系极其激烈，这时核心企业才有意愿通过区块链改造，与自己的上下游供应商形成紧密绑定关系，进而形成更加有竞争力的生态体系。结果可能是核心企业成为该行业或领域绝对的龙头老大，也有可能是几个体量相近的企业形成托拉斯或康采恩。

经过区块链改造的供应链金融系统，在某种程度上会限制核心企业对上下游供应商的选择空间，甚至也有可能制约上下游供应商对核心企业的选择空间。

一旦基于区块链改造的供应链金融系统得以实施，也有可能带来某种程度上的金融脱媒。

7.2 区块链在物流金融领域的应用

7.2.1 物流金融及其发展中存在的问题

物流金融（logistics finance）是指物流企业通过金融市场和金融机构，运用金融工具使物流产生的价值得以增值的融资和结算活动。

物流金融发展相对较晚，在第四方物流出现以后，物流金融才真正进入“金融家族”，成为一种特有的金融工具。物流金融在发展过程中存在许多需要解决的问题。

第一，物流业仍处于发展阶段，以规模化、网络化、集成化、信息化等为特征的现代物流服务体系尚未形成，物流服务供应链信息、交易数据信息不公开和不透明，而且难以溯源，大量信息和交易数据在中心化机构手中。

第二，信息不对称导致物流金融信用体系脆弱。物流金融的发展需要物流企业、融资企业、金融机构紧密配合，相互信任。但当前物流系统中各业务主体存在隐瞒重要信息，甚至编造虚假信息的情况。

第三，供应链系统运行效率低。物流金融业务涉及多个参与方，需要界定每个主体的权、责、利，协调参与方间的利益关系和合作关系。现阶段各机构协调困难，质押贷款手续烦琐，时间长，资金周转速度慢。

第四，企业融资难、风险大。目前物流业仍然以中小企业居多，中小型物流企业面临巨大的行业竞争力，资金成为企业发展的直接难题。融资企业以存货作为抵押向银行申请贷款，贷款风险大，总信用额度有限，贷款额度低，贷款周期长。

7.2.2 区块链在物流金融领域的典型应用

1. 物流金融与区块链结合的可行性

物流金融与区块链均有“去中心化”的特征。区块链强调数据的多点分布式协作，保证参与主体平等地进行信息交换和交易透明。物流金融业务源于金融机构和物流企业的业务交叉，目前我国金融机构种类繁多，尚无绝对垄断的物流企业，不管是金融机构还是物流企业均呈现出多方参与的格局。在这种没有形成一家独大的金融机构和“一枝独秀”的物流企业的情况下，开展的物流金融业务恰好与区块链的“去中心化”特征相符合。

区块链在技术层面能够支撑物流金融的业务需求。随着物流金融业务的深化，其业务逐渐展现出事件驱动、注重协调合作、信息化程度高等特点。基于区块链的物流金融解决方案可以带来以下效果。

一是可以实现市场参与主体的去中心化协作。物流金融业务利用区块链实现点到点的强信任关系，以节点共同参与的分布式账本无须中心化机构维护，免受人为损害，保证了数据的安全性。系统数据信息的更新和维护由各个市场参与主体作为一个独立的节点参与并且互为备份，用户凭借有效凭证自主管理系统信息。“去中心化”改善了信任协作机制，使参与主体平等地进行信息交流和资源共享，数据信息不会被某个个体篡改，增加了数据信息的透明性和可靠性。

二是可以实现各参与主体的信息对称。区块链技术的分布式记账特征与物流金融中各主体解决信息不对称问题的需求相吻合。融资企业和销售商签订的合同会被记入金融机构、物流企业、融资企业所在的区块中，区块中严格准确地记录了允许各类机构随时审查、校验和追溯的交易信息。这种透明的公开记账使不同参与者可共用一致的数据信息，有效解决了供应链各主体间的信息不对称问题，推动供应链物流朝着公开和透明的方向发展。

三是可以促使业务机制高效化。在区块链上能够应用智能合约等技术，将各参与方需要履行的商业责任和义务，通过一定的方法整合到链条上。对不同个体的责、权、利进行重新匹配，驱动整个业务系统由中心化向去中心化、由多中介化向少中介化甚至无中介化、由大部分数据不公开和不透明向更多数据公开透明转变，实现新业务流程的重构和落地，进而提高整体工作效率。

四是可以通过信用体系解决融资问题。在区块链的支持下，交易记录、信用状况都会被各参与主体作为重要数据实时记录到区块链上，保证企业信用全链渗透，即便新的主体参与进来也可查看链上完整的历史信息，实现去中心化信任，进而为企业融资背书。另外，区块链将票据、订单合同等纸质凭证转化为数字凭证，可以提高物流金融仓单或质押物的流动性，缓解业务融资难、风险大的问题，能够构建起良好的交易秩序和商业生态。

2. 区块链在物流金融领域的典型业务模式

这里主要分析仓单质押业务和保税仓业务。

（1）区块链架构下的仓单质押业务

区块链架构下的仓单质押无须签订合作协议，各参与方根据业务流程，将各自的操作信息记录到公认的区块链中，形成区块链仓单交易平台。通过平台，各参与方可实时关注交易进展，实现信息互通。

区块链架构下的仓单质押业务具有以下优点。

- 利用数字签名进行身份认证，可以保证参与主体身份的真实性。
- 在同一个商业模式下，业务系统覆盖不同的参与者，跨机构协作、点对点交易可以确保成员区域和公共区域信息的一致性，保证参与方互相监督和权利的互相制衡，实现完全的弱中心和分布式应用。
- 智能合约通过对交易指令的过滤和判断，自动识别交易的真实性和合理性，交易完成时根据交易规则履行合约，避免延时履约、不履约等行为的出现，保证交易公平。
- 线上交易直接生成的密钥文件具备完全的法律效力，无须二次确认，可优化流程，提高效率。
- 各区块间互相印证，使得交易中无须重复查验仓单的真实性，这种“信用增级”现象不仅能实现仓单流转的安全、高效，而且能确保仓单交易信息的可追溯和不可篡改。

（2）区块链架构下的保税仓业务

在保税仓业务流程中，任意两个参与节点可分头开展业务操作，实现直接交互和在线签约，简化业务流程，避免中心化系统的弊端。所有的节点都具有完整的区块链台账，有效保证保兑信息的真实性。

同时，共识机制使信用成本大大降低，已经确认的交易记录，再次使用时无须确认，保证交易的真实性、合理性。

区块链架构下的保税仓业务流程简单，便于根据市场动向及时调整市场策略。

7.2.3 区块链在物流金融领域的前景

1. 区块链在物流金融领域的应用场景

区块链在物流金融业务中的应用效果明显。从微观层面看，区块链凭借自身去中心、安全、高效的特征，实现物流金融参与方间的信任传递，颠覆传统的物流金融模式，对解决企业融资困难问题、提升业务效率、降低企业成本发挥重要作用。从宏观层面看，区块链营造了公平可靠的营商环境，促进金融创新得到长远发展。

区块链在物流金融领域除了应用在普通物流、国际物流、危险品物流、终端消费品追溯以及智能制造等环节，更多的是作用在物流金融环节。

对于物流金融场景，区块链可以协助中小微物流企业实现高效率、低成本融资。中小微物流企业的资金流是制约企业发展的难题，国内通过期货交易所认可的仓单可以实现融资，但中小微物流企业一般承运的都是非标准品，数量小、品种多，金融机构难以确认仓单的真实性，而且金融机构也没有精力去鉴定仓单真伪。通过把物流全流程信息写入区块链中，银行就可以通过相关信息判断仓单的真伪，然后对仓单估价，为中小企业贷款。此外，区块链还可帮助物流企业积累运营数据，便于金融机构鉴别潜在贷款用户。

利用区块链技术，可有效采集和分析原本孤立系统中的信息，帮助企业建立安全的运营机制，为制造企业提升良品率和降低制造成本。

2. 物流金融应用区块链后可能带来的效率提升

从金融机构角度看，物流金融应用区块链后，第一个好处是可以完善传统金融机构业务模式。传统金融服务从交易发起到交易完成大多需要人工操作，进展缓慢且系统性风险高。充分利用区块链的可追溯和信任机制，可为金融机构提供可依赖的数据，帮助其实现价值传递，从而保证业务安全。同时，通过区块链可以实现业务的智能化处理，消除烦琐的审批流程，缩短交易时间，提升金融机构的运营效率，让业务人员可以集中开拓精细化业务，有利于增加利润空间。第二个好处是可以改善金融机构授信方式。金融机构在放贷时需要对客户信息进行反复调查与核实，耗费巨大。区块链上汇集的资金流、信息流、物流等信息，为金融机构提供真实有效的风控数据，帮助金融机构实现穿透式授信和监管，以较低成本解决尽调（指的是尽职调查的意思，又称谨慎性调查。——编辑注）难的问题。

从融资企业角度看，在基于区块链的物流金融业务模式中，融资企业虽然仅作为分布式账本中一个普通节点存在，但取得融资收益后，可以增强整个业务链条的稳定性。融资企业可以通过数据上链实时完成交易确权，借助交易记录进行信用自证并全链渗透。金融机构对接区块链系统，提供信用增进服务，融资企业无须抵押和担保便可按需融资，同时可通过实现物流金融资产证券化盘活企业资产，提高资金的使用效率。线上化的融资方式打破了企业融资难、融资贵的“魔咒”，保证了企业融资的时效，优化了融资生态，保证了物流金融产业链的良性循环。

物流金融业务应用区块链后，可以有效解决物流企业信息不对称、主体分散等问题，也将给物流企业带来新的发展机遇。依靠物流追溯、商品溯源和智能清算结算，可实现降本增收，形成“智慧、短链、共生”的物流业态，开辟物流企业发展的新蓝海。

3. 区块链应用于物流金融场景的路径

鉴于区块链技术尚不完备、行业标准尚未建立、法律法规不健全、人才供给不足的实际情况，区块链应用于物流金融场景需要多管齐下，共同推动区块链在物流金融领域的运用。

（1）国家层面要优化物流金融发展的外部环境

首先，提供政策支持。加强对物流金融创新的政策支持力度，从战略高度认清物流金融是实现脱虚向实、确保金融更好服务实体的重要抓手，认清区块链对物流金融创新的巨大推动作用。

其次，完善法律保障。目前关于区块链监管的法律法规相对滞后，国家应根据区块链和物流金融的发展态势，高度重视法律合规问题，尽快完善物流金融监管法律法规，明确物流金融业务参与主体的责任，强化行业协会的积极作用，提高业务流程的透明度与公信力，使得物流金融活动真正做到有法可依。在相关法律法规制定完善后，还要依法加大执法力度。

（2）联盟或行业协会层面要促进业务主体间的协调与合作

首先，实现物流企业、金融机构和融资企业的协同发展。市场参与主体可通过联盟、行业协会等增强互信，建立三方战略合作伙伴关系，以互相制衡实现协同发展。

其次，加强政府与市场的互联互通，积极推动搭建政府与企业间信息反馈和政策传导的桥梁，深化政府与企业多层次、全方位的合作。

最后，构建完善的多方合作生态，开展多形式、宽领域的交流。区块链应用尚处于探索阶段，联盟或行业协会应组织企业积极参与相关活动，探索多领域、多形式的多边示范性合作项目，构建区块链产业合作生态圈。

（3）监管方面应实现对业务流程的智能化监管

首先，监管部门利用区块链的分布式记账技术，设立区块监管节点，进行实时监管；其次，将相关法律制度内化为智能监管合约，以降低监管难度，提高监管效率；最后，区块链凭借固有的优势，统一存储数据，消除监管模糊地带，简化监管流程，降低监管合规成本，更好地满足穿透、精准、高效的监管需求，推动物流金融稳定发展。

在监管方面，传统上各监管部门和机构分工不明确、监管法律滞后，使得单一方监管无法实现业务流程全覆盖，容易出现监管空白。将区块链应用于物流金融，可以兼顾金融科技和物流金融的特点，监管机构可以以风险可控为前提，根据业务发展实际需要，厘清监管边界，适时调整监管目标，做好分类监管，防止重复、交叉监管和监管真空，在金融创新与风险防范中找到有效的监管路径，实现多方共存共赢。

（4）大力推进区块链在物流金融领域的应用落地研究

首先，摆脱传统思维束缚，坚持从物流金融本身的特点和存在问题出发，深刻把握区块链与物流金融的结合内容和结合方式，加强技术攻关、应用平台建设和产业问题研究，推动产、学、研融合发展，增强区块链在物流金融中的适用性；其次，加强人才储备，拥有高质量的专业人才是区块链成功推动物流金融创新的关键。

7.3 区块链对会计行业的影响

7.3.1 区块链应用于会计行业的必要性

1. 推进会计记账的发展进程

绳结记事/刻木记事是会计发展的雏形。文字出现之后，陆续出现了流水账、单式记账（现金账/日记账）、复式记账等会计记账方式。其中复式记账是会计发展过程中的一个里程碑，它完整地反映了企业经济业务的全貌，同时利用会计要素之间的内在联系和试算平衡公式来检查账户记录的准确性，是一种比较完善的记账方法。随着信息技术的发展，会计的发展又经历了从第三方协会认证的会计到会计电算化的过程。

会计发展过程的演变是社会经济发展进步的体现。但是，当前的记账模式依然存在诸多不足。首先，账簿一般都掌握在自己手中，一旦损毁丢失，数据很难恢复；其次，面临多方交易时，各方账簿很容易出现不一致，对账事务繁多复杂。此外，会计在各个发展阶段都存在数据篡改和造假问题。

区块链的出现为解决会计记账问题带来了新的可能。

2. 规避道德风险

会计信息提供者与会计信息使用者之间存在严重的信息不对称。企业管理人员为了牟取私利，伪造原始凭证或篡改凭证内容，试图让虚假经济活动合法。以虚假发票报销，粉饰会计报表，调节收益和盈余，都是不同程度的会计造假行为。会计师事务所也可能在企业披露财务报告时帮助企业舞弊。

区块链数据多方验证、不可篡改的特性使得会计信息的真实性和完整性得到最大程度的保障。区块链去中心化的特点能够降低真实数据的维护成本，提高造假成本和信息流通效率，最终降低企业的财务运作成本。

3. 解决成本问题

对账成本、审计成本、第三方中介机构的代理成本是导致会计成本高的主要原因。

- 对账成本。各企业的账簿都由企业自己负责核算记录，因此各企业之间进行交易结算时，经常会出现账簿记录不一致，这时就需要对账，导致产生对账成本。
- 审计成本。审计工作中，审计师通常需要发送银行询证函及企业询证函去函证被审单位的银行账户资金余额、交易合同或资金的真实性，这些繁杂的业务程序不仅浪费时间，而且大大提高审计成本。
- 第三方中介机构的代理成本。企业在交易时往往不能直接授权交易，需要通过第三方机构，例如淘宝购物，这就产生了代理成本。这也是由中心化导致的问题。中心化的存在不仅增加了企业的代理费用，而且容易产生“寻租”行为，少数人为实现自己的利益而损害企业的利益，降低资金的使用效率，增加企业的成本。

7.3.2 区块链对会计行业的具体影响

1. 区块链对会计记账的影响

传统会计记账模式是一人记账、集中式记账、中心化记账。而运用区块链技术的会计记账模式则是人人记账、分布式记账，去中心化特征明显。在这种分布式记账模式下，所有交易方的账簿数据都是一致的，不会出现交易双方账簿信息不一致的情况。另外，即使某一方的账簿数据丢失，也不必担忧数据恢复问题。

2. 基于区块链的会计记账可以最大化规避道德风险

区块链从第一个区块开始，到最新产生的区块为止，存储了全部的历史数据。每一个区块都记录了前一个区块所有交易信息的哈希值，每一笔交易都可以通过区块链的结构追本溯源，逐一验证。

区块链还引入了时间戳，每一笔交易都是有时间记录的，而这个时间序列既是不可篡改的，也是不可逆的，这就使得篡改、涂抹、删除、虚构交易等舞弊行为在技术实现上变得比以往更加困难。而且，如果某个节点想更改数据，必须要得到其他至少51% 节点的认可，随着账簿内容的增加，区块链已经成为一个超大容量的账本系统，所以想控制 51% 的节点难度非常大，而且要付出极高的代价。

在区块链的分布式记账系统下，所有交易方的数据都是一致的，不仅可以避免交易信息被篡改，而且会解决信息不对称的问题，从而规避道德风险。

7.3.3 区块链应用于会计行业的流程与层次

通常来说，区块链应用于会计行业可以分五步。

第一步，当企业 A 与企业 B 发生交易，上传需要核算的原始凭证。

第二步，原始凭证经哈希算法和非对称加密机制处理加工形成工作区块，然后区块链会对原始凭证进行验证。

第三步，验证通过后，各个节点便可同时开始记录，该交易信息生成新的区块数据。首先完成的交易节点优先对新的区块信息进行记录并将其传播给其他节点，形成主链。

第四步，每个核算期末，通过企业的哈希函数匹配所有主链账务记录后形成该企业当期财务报表。

第五步，通过加密机制，企业选择性公开自己的财务信息。

区块链应用于会计行业，一般包含三个层次。

- 简单的数据应用，即将数据直接用区块链进行存储，作为存在性证明。

- 结构化应用，用以处理复杂的逻辑数据，如将身份认证与名字、地址、时间、状态、区块号、交易号等内容进行绑定，通过主链和辅链编码分别进行索引和存储。
- 借助区块链处理流程，如不同币种间的兑换，需要操纵多个主链完成挂单、核验、转账等环节操作。

7.3.4 区块链在会计行业的应用场景

1. 会计核算

区块链应用于会计核算的优势主要体现在以下两个方面。

- 改变记账方法，使账目更加准确完备。从传统记账法到人人记账，从中心化到去中心化，记录发生的每一笔业务并用密码学技术对账目进行认证，以防止数据被篡改，主动防范对每一个节点的侵害，确保业务信息与会计信息融合为一。
- 提高会计信息质量。区块链方式下分布式账本的业务往来记录由多个节点协同完成，账目完整并可以随时抽取，不被其他参与者篡改。参与者相互监督、互相认证，使得虚拟账目无处藏身。

确认、计量、记录、报告是会计的一般程序，区块链在其中的功能如图 7-1 所示。

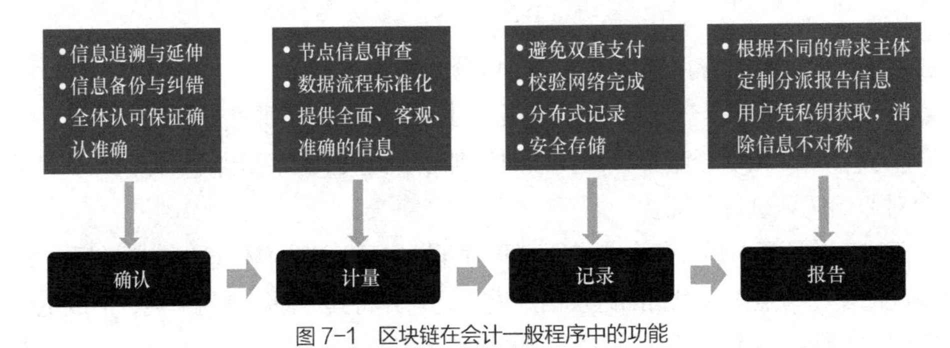

图 7-1 区块链在会计一般程序中的功能

2. 审计

传统审计方式存在许多痛点。对于内部审计，审计目标和审计范围不合理，缺乏独立性和客观性；对于外部审计，审计程序不完整，审计人员质量不可控，审计资料难以保证齐备。如果会计信息记录在区块链系统上，那么审计工作将变得简单易行，甚至还可以通过智能合约进行自动审计。

3. 财务共享

在传统财务共享模式下，财务共享中心权力过于集中，同时财务共享中心面临着自身的数据安全问题。此外，由于业务联系不紧密，通常记账内容脱离实际。

区块链将本来集中在共享中心的财务数据，以区块链分布式的方式共享给需要数据的人，将数据储存于不同节点中，使数据难以被消除，即使当前节点的数据被损毁，依旧可以从其他节点调取相关数据。同时每笔写入的数据都需要经过相关人员签名验证，合谋篡改等问题被杜绝。所有数据可在共享中心集中展示，财务经理具有查看权，但是没有改动权。凡是更改数据都需要通过所有经办人授权，这极大地提高了财务数据的安全性。

针对财务脱离实际这一问题，在执行业务的同时，除了上传财务数据，同时上传具体业务内容，财务共享中心的人员据此给出更加贴合实际的财务处理，摘要等内容的记录也会更有针对性。

4. 交易清算

传统的清算基本都基于各种票据，但票据内容不透明、不公开，使得违规交易屡禁不止。基于区块链系统发行的票据，一经发行便立刻在全网公开，票据内容天然具有不可篡改的属性，同时配有发行时的时间戳，不可能发生违约，可以大幅度降低交易过程中的信用风险。

传统交易清算工作的各交易主体独立记账，各主体所记录账目极有可能存在差异。记账过程不仅消耗大量资源，而且会导致对账不一致，结算效率受到严重影响。

区块链技术融入清算工作中，可以更加准确地清算交易，大幅提升工作效率和质量。在区块链系统当中，交易主体各方开放式共享互信认同账本，有效避免由记账差异引发的对账不一致问题，从而降低成本。

7.3.5 区块链在会计行业的未来发展

区块链用于会计工作的优势备受行业关注，相关企业早已关注区块链技术的研究并相继进行战略部署。

普华永道：推出与美元挂钩的稳定币。

2016 年 1 月，普华永道开始与 Blockstream 公司联合研究开发分布式账本和智能合约技术。2016 年 11 月，普华永道又推出了 Vulcan 数字资产服务，使数字资产能够用于日常银行、商业以及其他个人货币和资产相关服务。2018 年 4 月，普华永道首次宣布开发区块链审计服务，而且已和相关区块链技术初创企业签署了开发协议。

德勤：行业研究广，注重技术落地。

2014 年，德勤推出“一站式区块链软件平台”Rubix。2016 年 5 月，德勤设立了第一个区块链实验室，与 BlockCypher、Bloq 等区块链初创企业展开合作。2017 年德勤加入以太坊联盟和超级账本这两个区块链组织。

安永：技术运用范围广，涉及身份管理、交通、航运等领域。

2016 年 10 月，安永开始与 Bitfury、Paxos 等区块链公司合作。2018 年 4 月，安永推出“区块链分析师”服务，该项服务为资产、负债、股权的自动化审计奠定了基础。

毕马威：更新区块链发展战略，转向关税与贸易领域。

2016 年 9 月，毕马威推出数字账簿服务并与微软开始合作，目的在于推广和普及区块链技术。2017 年年初，在与微软合作的基础上，毕马威又推出区块链“节点”实验室，探索区块链应用程序的安装及部署。2017 年 11 月，毕马威加入华尔街区块链联盟。

区块链应用于会计行业也存在诸多挑战，体现在以下几个方面。

- 区块链技术尚不够成熟，存在无法满足高频交易的需求，安全和跨链等问题也是会计行业十分关注的问题。
- 相关行业标准尚未建立，相关法律仍是空白。例如全球缺少统一的会计准则，区块链行业也缺少行业标准，监管政策尚不完善。
- 区块链分布式账簿挑战中心化记账的会计基础业务架构和业务规则，对原有系统的去中心化改造存在困难。
- 区块链的数据承载及相关能力难以匹配当前会计业务数据资源管理能力，尤其是在数据存储、数据分析、数据标准化等方面。

此外，会计行业缺乏专业的区块链人才，行业对区块链的认识不足也是阻碍区块链在会计行业深入应用的原因。

但不可否认的是，区块链的确能够影响会计行业未来的发展，会计行业也将给区块链的发展带来机遇。

在未来的发展过程中，区块链在会计行业中的应用可以分为在财务会计中的应用以及在管理会计中的应用。

区块链在财务会计中的应用场景主要包括会计核算、区域会计、审计监督等，主要作用是提高财务信息披露的质量以及增加各利益相关者（企业、审计师、会计师、金融监管机构等）的参与度。

区块链在管理会计中的应用场景主要体现在价值链管理和管理层决策方面。区块链的使用将提高价值链和供应链管理的效果，提高企业的工作和信息利用效率，帮助管理层做出更好的决策。

在区块链行业发展的过程中，区块链技术势必会给会计和审计人员带来新的职能上的变化，同时区块链技术的发展也会对管理会计人才的能力提出新的要求。

区块链技术给会计和审计人员带来的新变化主要体现在工作职能上的转变。例如财务会计人员的工作从记录交易、编制报表转变为审核原始资料的真实性和区块链中智能合同的合理性，同时可能参与到会计区块链环境标准的设计和制定中。外部审计人员的工作重点从审核公司各种交易的真实性转移到分析复杂交易或运营效率等更有价值的领域。会计人员不需要详细了解区块链的工作原理，但需要知道如何就区块链的运用提供建议，在技术人员和相关的利益方之间进行协调，就区块链对业务和客户的影响问题扮演桥梁角色。会计和审计人员需要扩展自己的技能，了解区块链的主要特征和功能。目前区块链已被列入英格兰及威尔士特许会计师协会 ACA 资格考试大纲中。

区块链对管理会计人才的能力要求体现在以下三个方面。

- 树立大数据思维。在以区块链为基础架构的运营环境下，保证各节点如实、准确地记录不可篡改的数据，形成可供管理会计人才处理、分析、决策的大数据。区块链及相关系统基于多方共识和高可信度的数据，可以挖掘出对企业有价值的信息，为企业提供决策支持。
- 具备多元的知识储备。区块链集密码学、数学、管理学、经济学等多学科为一体，这就要求管理会计不仅要具备管理会计本身的知识，还要涉猎金融、计算机等学科的知识，形成多元的知识储备。

- 具备大数据处理、分析能力。区块链改变了传统的会计手工记账、报账方式，将海量的数据存储到各个节点，管理会计应掌握聚类分析、决策树分析、回归分析、时间序列分析等工具，在数据的支撑下分析企业所处的宏观环境、微观环境、优势与劣势等，助力企业制定决策方案和绘制战略地图。

7.4 区块链及其应用给法律带来的影响

作为一个新生事物，区块链带来了方方面面的法律问题，其衍生出的虚拟货币及其应用揭示了新的法律空白，区块链系统的数据不可篡改以及智能合约的自动执行又与现行法律规范产生新的冲突。某些区块链项目的推广运营方式直接触犯法律。同时，区块链也为当前司法实践中某些问题的解决提供了新的工具。

7.4.1 部分区块链应用直接触犯法律

1. 虚拟货币便利了洗钱、诈骗、传销等刑事犯罪活动的开展

基于去中心化和匿名特点，通过虚拟货币开展洗钱、诈骗、传销等犯罪活动，成为犯罪分子的首选。

2. ICO 等活动构成了变相非法融资

2017 年以来，以 ICO 方式进行融资的所谓区块链项目大量涌现，这些项目完全不具备 IPO 条件就直接面向非特定公众融资，尽管很多项目以比特币、以太币等虚拟货币作为融资载体，但也变相触发了非法融资相关要件。这当中大部分项目既没有公司实体支撑，也没有履行规范融资流程，项目白皮书虚假潦草，甚至部分项目从来都没有真实开展就以 ICO 方式直接进入二级市场，通过炒高代币价格收割投资者，进而衍生出 IEO、IMO 等更加复杂的变种非法融资形式。

3. 虚拟货币交易平台问题层出不穷

虚拟货币交易平台是一个新生事物。个别法制体系较完备的国家会以相关的法律规范进行监管，但大部分国家缺少适用法律，也没有法律法规对其进行监管，由此导致各类问题层出不穷，如虚假交易、内幕交易频发，甚至还有个人和机构以虚拟货币交易平台为幌子从事诈骗等恶性犯罪活动。

4. 社群裂变方式涉嫌传销

部分所谓“区块链”项目方为拓展用户，在社群营销方面使用多级分销模式，远远超过当前法律规定的 2 级的边界，多的甚至达到了几十级甚至上百级。例如某资金盘项目从 2018 年年初开始推广到 2020 年爆雷，共发展 289 万名会员，层级达到 3 293 级。

7.4.2 区块链带来的其他法律问题

1. 虚拟货币的法律定性

到目前为止，区块链涉及的诸多内容尚未得到明确的法律界定。例如，2013 年发布的《关于防范比特币风险的通知》明确将比特币等虚拟货币定义为虚拟商品。

比特币及其衍生币种的性质和法律地位到底应如何界定，到目前还没有相应的针对性法律出台。我们看到的多是一些部门规定，但这个问题确实需要认真对待。对于虚拟货币、稳定币等不同类别的代币和所谓的通证以及这些新的“货币”形态在不同场景下的应用和发展，我们确实需要进行全面梳理并分门别类加以审视，首先从法理上界定清楚，然后通过立法加以规范。这些问题在某种程度上已经成为区块链发展必须面对的整体性问题，甚至可能会成为未来区块链行业与实体经济结合的一个必要性问题。

2. 区块链技术规则引发的法律问题

区块链是一种去中心化、去第三方信任的信任解决方案，系统中既没有中心机构，也没有信任授权，所有节点各自为政，因此，原来建立在委托授权基础上的法律法规如何匹配这种新的业务形态，如何对其进行业务监管，目前还没有理想的解决方案。

区块链系统内业务规则的建立主要基于共识，但这种共识，从内容到建立过程是否符合法律法规规定、在哪些方面可以与现行法律法规共存、哪些方面有悖于现行法律法规、如何协调，目前全球尚无相关的法律制度、技术指引或行业标准出台。

当这些规则发生变化时，比如区块链系统在发现漏洞需要技术升级时，该变化需要尽可能得到相关参与方的一致认可。但当不同节点利益不一致，难以实现各自利益平衡时，就有可能使谈判陷入僵局甚至导致谈判破裂，由此可能导致区块链系统分叉。在这方面现在也没有相关的法律法规进行规范。

3. 智能合约带来的法律适用性问题

智能合约的出现给新出台的《中华人民共和国民法典》多部相关法律带来了新的挑战。

现实生活中一般合同关系比较清晰，而且合同签订主体在达成共识后还可以对合同进行修改、废止、补充。《中华人民共和国民法典》（合同编）也规定了合同无效、变更、撤销的种类及法律后果。但在智能合约中，合同条款以代码形式写入区块链的分布式账本后便直接生效、无法干预，甚至违反了法律条款也会得以执行。

智能合约因其自身特点和技术特性不可篡改、不可撤销、自动执行，合约当事人既无法干预合约执行，又无法更改合约。此外，由于智能合约具有可匿名性，如果匿名的智能合约当事方之间发生法律纠纷，纠纷的另一方是谁都无法确定，通过传统的诉讼方式进行解决则变得更加困难。

4. 区块链应用带来的法律问题

（1）缺少责任承担主体

在传统带有中心化特征的业务中，数据安全与信息保护的法律责任主要由中心化的机构承担。区块链系统的去中心化特征导致没有类似的中心机构可以承担数据安全和信息保护的法律责任，所有的节点都是平等的法律主体，并不存在某个节点具有维护数据安全或进行信息保护的责任和义务。

虽然区块链应用的技术开发方对区块链系统负有技术维护和管理职责，但其管理职责也仅仅局限于对区块链系统的日常运营进行技术方面的维护，并不可能对区块链内的数据、信息等存储内容进行管理。要求技术开发方对区块链上因非技术因素所出现的问题承担责任，无论是从理论上还是原则上，都没有正当依据。

（2）规则执行不可逆引发的权利受损

现实生活中总会发生一些错误或导致利益受损。按照传统处理方式，在一定条件下，人们还有机会对这些错误进行修正，对受损的利益进行补偿。比如遗忘银行卡密码，按照规定流程就可以重置密码；账户资金被盗，在一定情况下也可以追回。

但区块链系统上的数据不可篡改、业务流程不可逆，这就使得在区块链系统上对运行的业务进行变更或者对数据进行修改、删除操作变得几乎不可能。

区块链系统的用户私钥由参与者自己存储、保管，除了参与者自己，任何个人或者机构都无法获悉。如果犯罪分子通过欺诈等方式获得私钥，就可以对该参与者的账户进行任意操作，基于区块链的不可逆特点，其操作也无法逆转。因此，在区块链系统下，此时受损的利益无法追回。

（3）匿名化引起的监管难问题

基于区块链公有链系统的匿名特点，对其监管变得更加困难。无论是基于比特币、以太币还是其他代币的犯罪，本来就是对市场和社会的一个重大威胁，区块链系统的匿名化则给监管部门带来了更大的挑战。尤其是涉及海外交易时，国内监管尚处于缺失状态，国际监管更是难上加难。

（4）与现存其他法律规定的冲突

与《中华人民共和国民法典》（物权编）的冲突主要体现在与物权变动的生效要件中的公示规定产生冲突。在具备去中心化特征的区块链系统中，财产的用益物权、担保物权的设立、变更或消灭等操作方式也与现行《中华人民共和国民法典》（物权编）的相关规定存在冲突。

与《中华人民共和国民法典》（合同编）的冲突主要有两方面，一是智能合约的意思表示方式与现行《中华人民共和国民法典》（合同编）中关于合同各方订立合同意思表示的方式存在差异；二是智能合约将影响现行合同制度中部分生效要件的规定。

与《公司法》的冲突主要体现在公司登记及公司内部决策方面。运用区块链技术进行公司登记行为或记录公司表决决议的内容，则需要重新修订《公司法》予以确认其合法性。

7.4.3 区块链涉及的法律问题思考

区块链及区块链带动的数字化迁移和数字化转型要发挥作用，必须与物理世界发生关联并对物理世界产生影响。

首先，数字世界需要法律的规范。我们需要对数字世界的法理进行深入研究。

其次，数字世界与物理世界的连接（链接）方式也需要法律法规的规范，同时对传统的连接方式进行优化(例如司法存证等应用中传统的方法手段将被技术手段替代)。

最后，被数字世界的逻辑改变的物理世界也需要对相应的制度规范做出一定的调整（如数字版权、数字货币等）。

数字经济时代的大潮流下，既产生了数字货币、农产品溯源、身份认证、护照办理、时间银行、政府管理、档案验证等创新应用，同时也出现了利用区块链、数字货币进行传销诈骗，利用区块链分布式、跨国界等特点进行金融犯罪等问题。新型案件数量剧增、电子证据形式复杂化和执行难度增大是司法必须直面的问题。

区块链应当如何解决层出不穷的司法问题，如何应对司法审判中面临的种种数字化挑战，区块链技术又应如何嵌入我国司法系统的数字化运行中呢?

1. 区块链与司法存证

随着经济数字化的高速发展，司法领域中证据的类型正逐步从物证时代进入电子证据时代，电子证据又表现出数量多、增长快、占比高、种类广的特点。但电子司法存证仍面临很多法律和现实方面的问题。

- 电子证据容易被篡改。
- 取证时，如果电子证据和相关设备分离，则电子证据的效力会降低。
- 出示证据时，需要将电子证据打印出来转化为书证，这种操作可能破坏电子数据的内容，同时司法认定成本高。
- 举证时，由于其易篡改性的特点，可能会出现双方电子数据内容不一致的情况，导致法院在电子证据的真实性、关联性、合法性方面产生认定困难。

区块链可以提高电子证据的可信度和真实性。通过在电子证据的获取和保管过程中应用区块链存证，可以有效、完整地向法庭呈现电子证据形成的全过程，也有助于构建属于数字时代的司法信用体系。

- 存证环节：区块链可以提供规范的数据存储格式、原始数据的保障、安全存储以及可追溯，提高证据的真实性。
- 取证环节：区块链给司法带来的价值在于数据经由参与节点共识，独立存储、互为备份，可用来辅助电子证据的真实性认定。
- 示证环节：可采用智能合约，区块链浏览器示证，以提高电子证据的合法性和真实性。
- 质证环节：区块链可以固化取证和示证这两个环节，全流程可追溯，增强电子证据的合法性认定。

总体来看，区块链对于电子证据的防篡改、事中留痕、事后审计、安全防护起到巨大的正面作用。

2021 年 6 月 17 日最高人民法院发布了《人民法院在线诉讼规则》，其中第十六条首次规定了区块链存证的效力范围，明确了区块链存储的数据上链后推定未经篡改的效力，第十七条和第十八条规定了区块链存储数据上链后以及上链前的真实性审核规则。

2. 区块链在司法存证方面的典型应用场景

区块链在司法存证中的应用场景主要包括诉讼服务、版权、电子合同三个。

对于诉讼服务应用场景，当纠纷产生时，通过构建基于区块链的涉诉的主体、法院、鉴定机构等一体化纠纷办案平台，可提升诉讼服务效率和司法公信力。

对于版权应用场景，版权存证是区块链技术在知识产权领域最常见的应用场景之一。

2018 年 7 月，在对一起著作权纠纷判决中法院认可了区块链电子存证的法律效力。笔者认为这是我国司法领域首次确认区块链存证的法律效力。

对于电子合同应用场景，利用区块链设立电子合同，不仅可以防止合同篡改，同时可以监督整个合同流程，防止任何一方篡改内容，而使其他当事人遭受损失。

2018 年 9 月 7 日，最高人民法院在《关于互联网法院审理案件若干问题的规定》中指出，“可以用区块链来解决电子证据的存证问题，对使用新技术解决司法行业痛点表示支持”。

3. 区块链应用于司法存证带来的法律挑战

在区块链的证据资格认定方面，需要考虑下述问题。

- 基于区块链技术所提供的证明是否符合真实性理论的要求。
- 基于区块链技术所提供的证明是否符合关联性理论要求。
- 基于区块链技术所提供的证明是否符合合法性理论的要求。

区块链存证证据的存证主体存在资格合法性问题，这主要由两个原因造成，一是行业缺乏明确的第三方存证平台资质标准；二是缺乏区块链存证证据行业标准。

第8章

区块链产业化应用再思考

8.1 区块链产业化应用的前提

实现角色差异化是区块链产业化应用的前提。

区块链系统没有中心节点的概念，所有节点的职能和角色完全一致，不存在传统业务逻辑中的角色分工和职能差异。这种先天设计上的缺陷导致区块链与很多业务场景难以结合。从比特币系统到以太坊系统，再到当前的各种区块链系统，都缺少与复杂的现实业务逻辑结合的能力。

而现实生活中业务场景的丰富性和复杂性注定了不可能所有人或所有节点在系统中的职能是完全一致的。因此，如何实现不同角色的职能差异化，就成为区块链能否得到应用和落地的前提。

目前一个区块链应用基本对应一个业务场景，但未来有可能一个区块链应用承载几个不同但相关的业务场景，也有可能几个不同的区块链应用构成具有一定结构和层次的复杂区块链系统。无论是目前单一业务场景的区块链应用，还是未来的复杂区块链系统，一个节点有可能只承载单一的角色和职能，也可能同时承载几个不同的角色或职能；多个不同的节点有可能共同承载一个角色或职能，也有可能共同承载几个不同的角色或职能，只是内部存在进一步的分工和职能定位。

从技术发展和社会进步的相互作用来看，有时是技术或工具的发展在前，然后与具体的业务逻辑结合推动社会发展；有时是业务场景先对技术提出更多要求，进而引导技术进一步发展。目前区块链的发展，既有技术发展领先社会进步的方面，同时存在技术或工具远远满足不了大量和丰富的传统线上乃至线下业务场景需要的情况。

实现不同角色差异化的一种思路是在业务逻辑层面依靠代码组合来满足基于不同角色的差异化职能。但这种方法既要考虑业务逻辑，又要考虑不同功能的底层实现方式，将导致代码逻辑过于复杂。过于复杂的功能组合和代码逻辑很难保证所有逻辑完备，这就既难以满足业务需要，又可能引入逻辑漏洞，为黑客入侵提供方便。

另外一种思路是在技术的底层增加相应的功能组件，以供上层应用调用。这种方法实现包括监管职能在内的区块链系统回到架构层面。

区块链采用的非对称密码算法为实现角色差异化提供了技术上的可能。在区块链系统中，非对称密码提供了用户的身份识别验证以及对特定地址内虚拟货币的权限操作。但目前更多的是一个账户与一对非对称密码绑定，用户在特定账户内，通过不公开的私钥实现对账户地址内的内容和自己的操作进行签名，以满足系统的要求。所有账户功能基本相同,特定用户对其账户内容的操作权限也一致,基本都是一对一的关系，很少存在一对多、多对一、多对多的对应关系。如果再加上时序关系，就会构成更加复杂但丰富的业务逻辑，目前的区块链系统应用更加难以应对此局面。

这就要求对传统区块链系统架构进行功能上的扩展，引入更多先进和可用的技术与工具。

密码学中的安全多方计算可以在互不信任的几方之间通过协作实现特定的目的。在零知识证明基础上形成的密钥分片技术，可以保证多方安全计算更加安全可靠。前提是这些技术必须有效嵌入区块链系统的底层架构中。

角色的差异在于角色职能的差异。而职能更多的是通过业务逻辑中的权限进行表达的，不同权限组合构成不同角色的职能。因此，根据业务逻辑特点，将更多的职能进行原子化分解，之后根据角色定位进行不同的组合，不同职能组合定义不同角色，在应用层通过对角色职能的定义调用对应角色的权限组合，就可以实现包括抽签、同权或不同权的投票表决、业务监管、审批，乃至风控等基于不同角色的一系列相对复杂的业务逻辑。

在区块链系统中引入安全多方计算以及零知识证明，不仅仅要引入理论上的研究成果，更要落实到工程实现上。在引入新的技术实现后区块链系统的效率必须得到保障，可靠性不能降低，用户体验从总体上还要进一步友好。如果引入后区块链系统的效率大幅降低,可靠性得不到保障,用户体验更加不友好,那么这种引入注定是失败的，也是不可能落实到具体产业中的。

8.2 区块链产业化的人才发展战略

区块链产业发展，前提是区块链人才的发展。区块链领域的竞争，必然首先是人才的竞争。那么，区块链产业化发展需要什么样的人才，区块链产业化又面临着怎样的形势和机遇，以及区块链从业者和区块链机构又应该制定什么样的人才发展战略呢？

8.2.1 区块链产业化对人才的要求

区块链与其他技术的主要区别在哪里呢？如果说大数据、云计算、物联网、5G 等技术只是一种技术，那么区块链则是多种技术的有机组合，实现的是已有技术的组合创新。

因此，区块链系统的建设、运营、维护和应用等要求相关的从业者具有广博的知识，这些知识不再像以往局限于工程技术或货币金融等相对单一的领域，而是跨越多个学科专业领域,涉及不同层面的知识。区块链对个体的水平和能力提出了更高的要求，例如技术上的专业性、知识上的综合性、能力上的复合性等。从总体上来说，区块链的产业化发展又面临着人才数量上的稀缺性和人才培养上的时间紧迫性。与即将展开的广阔的区块链产业化应用需求相比，每个地区，乃至全国，甚至全世界，真正的区块链人才少之又少。

8.2.2 区块链人才培养面临的历史机遇

2019 年 10 月 24 日，中共中央政治局就区块链技术发展现状和趋势进行了集体学习，会议指出，要“加强人才队伍建设，建立完善人才培养体系，打造多种形式的高层次人才培养平台，培育一批领军人物和高水平创新团队”。

2020 年 4 月 20 日，国家发展改革委明确了新型基础设施的范围，区块链与人工智能、云计算一同作为新技术基础设施的组成部分，隶属于信息基础设施范围。

2020 年 4 月 30 日，教育部印发了《高等学校区块链技术创新行动计划》，该计划指出，“到 2025 年，在高校布局建设一批区块链技术创新基地，培养汇聚一批区块链技术攻关团队，基本形成全面推进、重点布局、特色发展的总体格局和高水平创新人才不断涌现、高质量科技成果持续产生的良好态势，推动若干高校成为我国区块链技术创新的重要阵地，一大批高校区块链技术成果为产业发展提供动能，有力支撑我国区块链技术的发展、应用和管理”。

2021 年 6 月，工业和信息化部、中央网络安全和信息化委员会办公室联合发布了《关于加快推动区块链技术应用和产业发展的指导意见》。意见要求，到 2025 年，区块链产业综合实力达到世界先进水平，产业初具规模。培育 3 ~ 5 家具有国际竞争力的骨干企业和一批创新引领型企业，打造 3 ~ 5 个区块链产业发展集聚区。区块链标准体系初步建立。

同时，世界的发展趋势也正在发生深刻的变化。疫情防控要求人们尽可能居家隔离、减少接触。如果数字化、网络化没有为我们提供线上办公和线上生活的便利条件，那么很多事情也不可能在线上进行。同时这种居家办公的可能性也是全球数字化和网络化进一步发展的深化。

纵观信息化和数字化发展历程，互联网从实现信息的连接到实现消费的连接，再到即将实现的产业的深化和连接，在这个过程中，包括区块链在内的多种新兴技术在引导一部分人进入新时代的同时，也在无情地淘汰旧时代的人。

如果说互联网淘汰了 40 后、50 后和 60 后，移动互联网淘汰了 70 后，网红、直播、带货淘汰了 80 后，那么包括区块链在内的一大批新兴技术及其组合创新是否会淘汰 90 后？知识的综合化、能力的复合化、技术的专业化、认知的现代化决定了每个个体在未来新的产业结构中的位置和能够发挥的作用。区块链将给整个社会带来变革，这种变革的影响既是深刻的，也将是永久性的。在变革过程中，所有的内容都在快速变化，不断升级、不断优化，当代人必须永远处于学习状态。只有不断提升自身水平能力，才能够适应社会的发展和时代的进步。

8.2.3 区块链产业化的人才发展

对于区块链领域的发展和竞争，无论是全球范围内区块链的发展和国家间的竞争，还是国家层面的区块链发展和省际的竞争，或是具体区块链落地项目的发展和竞争，归根到底都是人才的发展和竞争。这种竞争不但体现在现有区块链人才水平能力的竞争，而且体现在区块链领域人才学习成长速度和成长质量的竞争。

区块链发展和产业化目前面临着极大的人才困境。这种困境，除了前面提到的个体技术上的专业性、知识上的综合性、能力上的复合性，总体区块链人才数量上的稀缺性，还包括时间上的紧迫性，例如因为疫情而引发的生产生活方式的改变、新基建建设项目的上马、要素交易市场的建立和交易深度广度的拓展。教育部文件要求到 2025 年实现的各种项目建设，工业和信息化部和中央网络安全和信息化委员会办公室对区块链技术应用和产业发展的要求，都需要大量的专业化区块链人才做保障。

1. 个体的区块链人才发展竞争战略

再宏大的战略、再迫切的需求，最终都要落实到个体层面。区块链产业化发展战略也是这样的。因此，从个人角度来看，要适应整个社会的发展趋势，满足国家发展对区块链人才的需求，只有持续学习、勇于思考、横向拓展、错位发展，才能在区块链以及整个社会的快速发展进步中找准自己的定位。

- 持续学习。学习是快速获取新知识的捷径。无论是从书本上学习，还是向其他人学习，都是学习的途径。当今社会，学习一定要持之以恒，只要一松懈，就有可能再难以跟上时代和社会的发展进步。
- 勇于思考。为什么说要勇于思考呢？从生物学角度说，人本身具惰性，这种惰性既包括身体上的懒惰，也包括头脑上的懒惰。因此，我们一定要打破思维定势，走出思维的舒适区，勇于思考，勤于思考。人们对周边的大多数事物其实都处于“熟知非真知”的状态。例如，区块链本身并没有新的技术产生，所有技术都是原来已有的技术，但是为什么只有中本聪能够将这些技术通过特定的组合演化出新的功能，而大部分人却没有想到这一点呢？就是因为人们思考的深度、广度远远不够，对事物的认知只停留在熟知，而不是真知。

- 横向拓展。区块链是一个新事物，它的应用领域和发展方向都需要我们去拓展，没有先知可以告诉我们该怎样做。我们必须广泛探索如何把区块链与其他的应用进行广泛结合，包括将区块链与实体、产业、不同的行业结合。只有勇于探索，在不同的专业领域进行更多的研究，找到更多的结合点，我们才有可能对旧的行业和产业进行有效拓展。只有整个行业、产业拓展出新的发展空间，才能创造出更多新的就业岗位，创造出更大的价值。这不仅对个人有益，对群体有益，对整个社会发展也是有益的。
- 错位发展。区块链仍然在不断发展进化中，在这个过程中一定会出现无数新的岗位需求。在这些新的岗位需求中，个人处于什么位置，如何以自己的水平能力去匹配这些新的岗位需求呢？从个人角度来说，我们要尊重比较优势原则，充分发挥个人优势，另外可能还需要逆势成长。如果在某个问题上与其他人的观点不同，但自己又有充分的理由，那么要勇于坚持，因为这极有可能是正确的发展方向。此外，在知识能力方面，我们要勇于进行知识的结构化创新，只有在自己已有知识水平基础上拓展出新的知识和能力，才有可能让个人在群体竞争中展现出新的知识和能力要素，充分展示个人新的竞争优势。

2. 区块链领域内组织机构的人才建设发展战略

组织机构要充分认清自己的职能和定位，实现差异化发展，这样才能满足区块链对人才在复合知识基础上的专业的精深要求。

对行业协会而言，首先，要占准位，针对行业的发展需求，前瞻性地组织研究制定区块链人才素质标准和模型；其次，要有作为，针对不同层次、不同类别的区块链从业人员的现状和行业需求，推出专业化、针对性的课程培训；最后，要勇于实践，组织参与各类区块链系统建设，在建设过程中发现和培养人才。

对区块链企业而言，首先，要勇于借力，勇于借助高校和更多培训机构的力量，而且在高校和培训机构的区块链人才培养中发挥自己的主导作用。近几十年来，全世界的科研重心已经从高校转向企业，尤其是在区块链这种新兴领域。企业不要等着高校或者培训机构来引领区块链的发展，而要坚信自己就是业界前沿，引领高校和培训机构在区块链人才培养培训方面的发展方向，同时对高校和培训机构的培养培训水平能力提出具体要求。其次，要勇于放手。区块链的未来发展方向和发展内容一定是演化而来的，而不是哪个组织机构或先知规划出来的。正因为我们对未来是未知的，所以一定要给人才更多的自主空间。只有多试错，才有可能找到正确的发展方向。最后，要勇于实践，在实践中发现区块链新的发展方向和发展空间以及更多的区块链人才。

3. 区块链人才短缺问题的解决之路

从全世界来看，各个国家都普遍存在区块链人才短缺的现象。没有其他办法，只能多渠道、多层次培养。

大学针对数据科学、网络技术、软件工程等学科专业都可以培养出相应的技术人才，而在金融、社会学、经济学等学科专业也可以开设相应的专业课程，以培养复合型人才。

社会性培训机构可以针对不同层次、不同类别的人开展相应的内容培训。

此外，国家相应的权威机构应该大力开展人才认证工作。

多种方式齐下，经过一段时间，我国区块链人才短缺的现象应该能够得到缓解。

4. 大学开设首个本科区块链专业

区块链作为一个新生事物，涉及密码学、计算机科学、网络通信、金融货币、经济模型、社会治理甚至哲学等诸多内容。即使在纯技术层面，区块链也表现出不同于传统本科计算机专业教学的一些独有内容。因此，在本科层面开设区块链专业是有必要的，也是可行的。

国内部分高校开设了区块链专业，综合了几个院系的力量，花费了大量的时间精力，表现出极大的诚意。课程设置内容多，覆盖广。但总体来看，区块链本科专业的综合程度略显不足，区块链涉及的经济理论、货币金融知识、法律法规要求、世界各国政策等内容偏少。此外，过多、过杂的课程内容设置必然导致学生在课程选择方面遇到困难，最后可能导致学生学而不精，学而不专。

从区块链行业的发展趋势和发展程度来看，区块链更适合在研究生甚至博士层面开展相应的教育和研究。如果在本科层面开设区块链专业，必然要对现有的计算机学科相关课程做大幅删减，这样才有可能在固定的总教学时间内使人才培养目标更加精准，更加有针对性，更加有特色。

8.3 警惕区块链建设热潮中的项目烂尾

8.3.1 近几年区块链发展路径偏差辨析

区块链自诞生以后，基本上还是沿着比特币和以太坊规定的技术路线向前发展，虽然在技术创新、应用落地方面有一些进展，但总体来看，本质上的创新并不多。

区块链带给我们的最大启发是通过对几种已有技术的重新组合，创造出这些技术原本并不具备的新功能。因此，沿着这一技术发展方向，区块链在技术领域的创新是区块链与其他技术更新的组合方式以及更新的技术组合之后的新功能。这种组合创新既包括在区块链现有技术架构内组合新的技术工具，形成新的技术架构，也包括打破现有区块链架构并与其他技术进行再结构化，构造出新的技术组合方式。但是，近几年区块链技术的发展更多的是在区块链已有技术体系中的某一个环节或某几个环节上进行研发，是基于区块链已有架构的局部技术优化。

无论是区块链系统展现的独特的功能创新，还是基于其功能创新建立的系统，区块链都只是信息系统的一部分，而不是全部。因此，区块链的应用落地也必然基于现有信息系统与其他技术结合。试图以单一区块链系统应对所有应用场景的想法注定是不可能成功的。

一直以来，业界对区块链应用的关注重点更多的是基于“币”的各种应用，而对如何通过不同的技术组合创造新的功能关注较少，对区块链如何与其他技术工具结合、如何与实体经济结合关注较少，对区块链如何创造价值关注更少。

8.3.2 区块链项目烂尾环节剖析

随着新基建建设内容的最终确定，工业和信息化部和中央网络安全和信息化委员会办公室《关于加快推动区块链技术应用和产业发展的指导意见》的推出，从国家部委到各省市，一系列重磅政策先后出台，一系列知名产品、示范应用、骨干企业和创新引领型企业、区块链产业发展集聚区的评选即将展开，一大批区块链项目即将出笼。国家部委和各个省市政府下达的区块链项目大部分应属于“区块链 +”类别，即通过区块链的理念和技术，改造现有行业或产业逻辑，优化业务流程，降低运营成本，提升协同效率；也会有少部分项目属于“+ 区块链”类别，即在现有行业或产业中增加区块链属性，实现相关数据的公开透明和不可篡改、不可伪造。

随着一系列重大举措的落实，各级机构、企业和政府部门会将大批项目和资金投入到区块链领域。但越是这个时候，越要警惕区块链项目可能形成的烂尾。

区块链与以往的技术创新截然不同，它本身不是技术创新，而是技术组合方式的创新。区块链在技术方面的制约使得区块链应用必然要与具体的业务场景结合。如果脱离具体业务场景，单纯实现数据上链意义不大。区块链带来的价值提升也不是显而易见的。而且，在实际应用过程中，大部分团队缺乏将区块链与实体产业深度结合的能力，大部分从业者对区块链认识尚存偏差。一大批区块链项目恐将烂尾。具体来看，烂尾可能会发生在以下三个环节。

第一个环节：项目无法按期交付。

这是最低层次的项目烂尾。近几年市场上很大一部分区块链团队开展的所谓区块链技术研发是对以太坊系统的粗糙模仿。这类团队既没有自己的技术创新，也没有对比特币系统、以太坊系统背后原理的深入学习与研究。技术上跟风严重，团队规模小，技术实力弱，也缺乏对业务场景的深入理解。如果国家部委或省市政府的区块链项目由这类团队承接，项目大概率会难以按期交付，甚至无法交付。

第二个环节：交付的区块链项目无法落地。

“+ 区块链”类项目落地相对容易，一般只要求在某一个特定的环节或场景实现特定数据上链。这类项目可以在以太坊或超级账本的基础上改进实现，甚至在比特币系统上改进。

但是，“区块链 +”一类的项目落地就不只是涉及技术问题了。完成“区块链 +”类别的项目，不仅需要对产业逻辑、业务场景进行深入研究和分析，找到隐藏在现有产业逻辑和业务场景背后的痛点，而且需要综合运用大数据、人工智能、物联网、区块链、云计算等工具，从信息系统建设和改进的高度提出产业改造意见并落地实施，最终形成综合性的“区块链 + 产业”解决方案。

第三个环节：区块链项目无法带来效益提升。

如果说前两种项目烂尾还好鉴别，那么，区块链项目价值无从发挥在鉴别上也会存在相当程度的困难。

区块链由于其链上数据的全网一致性分发和最大程度的冗余存储，将消耗大量的带宽、存储和计算资源。区块链总体来说是一种非常低效的系统。如果不能通过业务流程的改进带来总体效率的提升，或不能通过数据的全网公开透明带来系统内信任强度的增强，那么在系统上部署区块链得不偿失。

这就要求我们在系统建设之前对系统所在的产业逻辑和业务场景进行深入剖析。但目前大部分团队都不具备这种能力，即大部分团队最缺的是区块链领域的产品经理。该领域的产品经理既需要懂区块链业务逻辑，也需要懂区块链技术逻辑，甚至需要懂更广泛的产业逻辑和更宽泛的技术逻辑。这种复合型人才少之又少。甚至一部分区块链领域的意见领袖在谈到区块链时仍然停留在区块链将如何的想象层次，而极少谈到区块链系统将如何具体落地并将在哪个层面、哪个环节发挥作用和创造价值。

为防止区块链项目烂尾，相关机构和人员除了认真学习研究区块链的本质，找对开发团队，也需要对系统所在的产业逻辑和业务场景进行深入剖析，从数据分层、分级的角度对信息系统的结构进行深入剖析。只有这样，才能尽最大可能保证区块链应用实现真正的价值。

2020 年被业界普遍认为是中国区块链项目落地元年，各种政策和项目先后推出。2021 年是区块链项目落地力度更大的一年。这些政策和举措无疑会极大推动区块链的发展，但是，区块链项目不能为区块链而区块链，也不能为落地而落地。区块链项目必须以应用落地为基础，以价值创造和价值发挥为目标。只有充分解决对区块链认知不清、应用方式不明、建设目的不纯等问题之后，才有可能直面区块链系统建设可能存在的缺陷，从应用落地与价值创造两个层面推动“区块链 +”战略落地和实施！